从行为到形式：现代景观建筑设计表现研究

金常江　著

中国戏剧出版社

图书在版编目（CIP）数据

从行为到形式：现代景观建筑设计表现研究 / 金常江著 . --
北京：中国戏剧出版社，2023.1
ISBN 978-7-104-05218-0

Ⅰ . ①从… Ⅱ . ①金… Ⅲ . ①景观—建筑设计—绘画
研究 Ⅳ . ① TU204.118

中国版本图书馆 CIP 数据核字（2022）第 093112 号

从行为到形式：现代景观建筑设计表现研究

责任编辑：邢俊华
责任印制：冯志强

出版发行：中国戏剧出版社
出 版 人：樊国宾
社　　　址：北京市西城区天宁寺前街 2 号国家音乐产业基地 L 座
邮　　　编：100055
网　　　址：www. theatrebook. cn
电　　　话：010-63385980（总编室）　　010-63381560（发行部）
传　　　真：010-63381560

读者服务：010-63381560
邮购地址：北京市西城区天宁寺前街 2 号国家音乐产业基地 L 座

印　　　刷：天津和萱印刷有限公司
开　　　本：787mm×1092mm　　1/16
印　　　张：13
字　　　数：240 千字
版　　　次：2023 年 1 月　北京第 1 版第 1 次印刷
书　　　号：ISBN 978-7-104-05218-0
定　　　价：72.00 元

前　言

　　景观建筑（Landscape Architecture）设计是一门内容涵盖相当广泛，并且具有神圣环境使命的学科和工作，它是一门生活艺术，也可以说是一项古老的社会活动。从某种程度上说，世界景观设计史亦是一部人类文化史。景观建筑设计始于人们开始在城市和村镇生活的时候，可以说，它影响着人们大规模的社会生活。景观设计在历史上有着广泛的需求，因为它能反映贵族生活的休闲和财富。如今，人们对景观建筑的理解和认识还处在不断的探索与总结中，不同领域对于现代景观建筑设计有着不同的理解。笔者认为，作为一名景观建筑设计师，应该对现代景观建筑进行不断探索，从多方面出发，以人们的主观需求和客观需求为基础，比如说以使用流程需求、文化意识思想上的需求等行为需求，来指导最初的景观建筑设计的形式和表达方式，以期为更多的专业人士提供一定的借鉴和思考，这样才能更好地促进景观建筑的发展。本书以现代景观建筑的发展拓变为线索，从景观建筑设计的多方面入手，由表及里，揭示笔者对现代景观建筑设计的理解和认识。

　　本书第一章对景观建筑设计的历史发展进行了一定的探究，主要从现代景观建筑设计的概念、景观建筑设计在全球的发展这两方面进行了分析。第二章内容为现代景观建筑设计的行为研究，主要从两方面进行了介绍，分别为现代景观建筑设计中灵感的探究、现代景观建筑设计中的概念表达。第三章内容为现代景观建筑的规划设计，主要从两个方面进行了介绍，分别为现代景观建筑设计的过程、现代景观建筑设计的方法。第四章内容为现代景观建筑的不同形式研究，主要从四个方面进行了介绍，分别为河流建筑景观设计的形式与发展、园林建筑景观设计的形式与发展、纪念性景观建筑设计的形式与发展、不同地区建筑景观设计一览。第五章内容为现代景观建筑设计的未来之路，从两方面展开，一是不断变化的环境与挑战，二是对于现代景观建筑设计的思考。

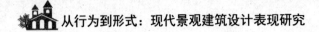

在撰写本书的过程中，笔者得到了许多专家学者的帮助和指导，参考了大量的学术文献，在此表示真诚的感谢。但笔者水平有限，书中难免会有疏漏之处，希望广大同行及时指正。

金常江

2022 年 10 月

目　录

从行为到形式：现代景观建筑设计表现研究

第一章　景观建筑设计的历史发展

本章对于景观建筑设计的历史发展进行了一定的探究，对于现代景观建筑设计的概念以及它在国内外的发展进行了分析，希望可以为广大读者做好梳理工作。

第一节　现代景观建筑设计的概念

世界景观设计史亦是一部人类文化史，它根据与时间和空间概念相关的最广泛的概念来考察景观历史。更确切地说，它是一种对艺术的历史探索，试图展示其哲学思想和美学思想。通过艺术表达和塑造自然，景观设计史成为书写人类思想史的另一种方式。它试图解释景观对宇宙、自然和人性的态度，并试图展示景观如何与其他不可分割的艺术类别共享艺术形式。这些艺术形式包括绘画、雕塑、建筑和其他装饰艺术，以及文学等。

一、景观建筑

"景观建筑"有两层含义（源自《辞源》的解释）。其一是广义的景观建筑，指的是一门学科——景观建筑学，英文是 Landscape Architecture；后被称为风景园林学，它是以建筑、规划、园林为支撑骨架，探索多学科交叉的一门人居环境规划设计领域。其二是指在风景区、公园、绿地、广场等户外开放空间中出现的具有景观作用的一类小型公共建筑，具有景观与观景的双重身份，其英文写法是 Landscape Building。本书中所说的景观建筑指其狭义的范畴，即风景区、公园、广场或其他户外公共空间中具有观赏价值的建筑。华中科技大学景观学系万敏教授认为景观建筑依其所处的空间位置不同，又可划分为风景建筑、园林建筑、小品建筑、地标建筑、寺观建筑；李晓峰教授认为聚落也具有景观建筑的性质，他不仅从建筑学和社区的视角研究聚落，也从风景学的视角研究聚落；麦克哈格的《设计结合自然》和普林茨的《城市景观设计》都把城镇纳入景观规划的范畴。本书亦将结合地形谋划建筑群体布局的城市设计方面的研究纳入考察范围。

在国际方面，德国景观建筑师联盟（BDLA）成立于 1913 年，其提出："景观建筑设计体现了时代精神。它是一种文化语言，包括对景观的保护和解读。景观建筑设计师将生态意识与专业规划能力相结合，他们评估和论证规划和实现项目的可行性，他们对自然保护区、环境、人类社会和建筑环境之间的相互作用承担着创造性的责任。"需要注意的是，景观建筑的本质在不同的国家和不同的景观中有着不同的含义。在英国，景观设计协会涉及景观管理和景观科学会员，这是非典型的。在大多数其他国家，景观设计师的专业协会强调设计和规划，自然保护主义者也可加入成为会员。

在一些国家，"景观建筑师"这一术语很少被使用。例如在俄罗斯，景观建筑师大都毕业于绿化工程专业；在法国和西班牙，景观建筑师则不被允许在他们的称号中使用"建筑师"这一受保护的专业用语，因此他们自称为景观设计师；在德国，景观规划是非常重要的，许多政府的景观设计师本身就是规划师；在英国，城市规划作为单独的专业已经发展得很好，因此与德国等其他国家相比较，英国从事城市规划的景观设计师很少；在美国，景观设计师经常承担房地产的地块规划及道路布局设计；在另一些国家，这些任务则由勘测工作者或土木工程师来完成。

二、景观设计

景观设计一词由美国设计师奥姆斯特德提出。这一词的提出使后世将奥姆斯特德尊称为"景观设计之父"，他开创了现代景观设计的新篇章。在古代，东西方将景观设计称为园林设计，自古有之。在东西方世界中，景观设计的产生和兴起的根源有些许相似，在西方世界中，景观是作为视觉美表现形式的第二个转变。由于工业革命所带来的工业化对城市环境的极速破坏，城市内的环境污染恶化尤为严重。工业化伴随的生产制造能力的提升，以及同时期的文艺复兴运动，导致西方世界各大城市从 19 世纪下半叶开始环境的恶化愈演愈烈。之前象征着高雅、艺术、文明的城市形象被破坏，城市变成了丑陋、肮脏的象征，相反，没有受到工业污染的自然田园成了当时人们心中的理想场所。因此，景观设计在这一时期的西方世界兴起，人们在人为营造的景观环境之中寻找和城市污染、喧嚣截然不同的清幽环境。而在东方，也就是中国，园林被文人雅士认为是逃避俗世的避世之所。之后经历了漫长的时期，城镇化的深入发展让景观设计在城市之中的应用越来越广泛。

　　要想成为一名优秀的景观设计师，有必要了解该学科跨世纪的发展和专业实践重心的变化。其中，我们需要关注景观建筑设计的历史，因为对历史的考察可以使我们认识到自己在时间洪流中的地位，有时还可以帮助我们预测未来。当然，未来正在改变。

第二节　景观建筑设计在全球的发展

一、景观建筑设计在国外的发展

　　景观建筑是一项古老的活动。这项活动始于人们开始生活在城市和村镇的时候。可以说，植物栽培是人类从游牧狩猎到农业定居发展的重要一步，它影响着人们大规模的社会生活。景观设计在历史上有着广泛的需求，它能反映贵族生活的休闲和财富。

　　美索不达米亚文化发展了公园的概念，后来有了中世纪的狩猎场和皇家公园。进入 19 世纪后，公共市政公园应运而生。埃及和罗马文明也培育了公园和花园。在城镇，花园通常是靠近房屋的封闭庭院；在农村，花园和公园通常是一系列像室外房间一样组织起来的封闭空间。

　　在东亚，我们知道的第一个园林出现在中国。从商朝的经济、文化艺术的发展情况看，当时已具备了造园活动的基础。至秦、西汉时期出现了皇家园林。公元前 138 年，汉武帝刘彻在秦朝的一处老园林遗址上扩建了这座宫苑——上林苑。与西方一样，中国也有狩猎花园、皇家花园以及商人和官员的私人花园，这些被称为"文人园林"。日本园林发展较晚，深受中国园林的影响，但最终日本园林在 10 世纪达到了很高的水平。日本园林包括宫殿园林、私家园林、寺庙园林等。

　　可以说，每一种文明都影响和塑造了景观，例如英格兰苏塞克斯的菲什伯恩罗马宫殿花园（图 1-2-1）。公元 1 世纪菲什伯恩罗马宫殿的模型（图 1-2-2）说明了罗马建筑的对称性，希腊的卫城（图 1-2-3）代表了雅典建筑的不对称性，西班牙格拉纳达阿尔罕布拉宫的奈斯尔王朝宫殿（图 1-2-4）是由封闭庭院和花园组成的集合体。

图 1-2-1　菲什伯恩罗马宫殿花园　　　图 1-2-2　菲什伯恩罗马宫殿模型

图 1-2-3　希腊的卫城　　　　　　　图 1-2-4　奈斯尔王朝宫殿

　　文艺复兴时期的景观建筑设计是人们基于学习和复兴古典文化的愿望而创造的一种关于自然的理想模型：广阔、正式，并具有完美的对称性。因此，景观建筑设计的首要事项是对几何图形的思考，然后是对罗马众神的探讨。

　　自 15 世纪起，欧洲开始探索美洲、非洲、亚洲和太平洋，所有这些活动都伴随着新的景观设计和植物收藏家的热情。在 18 世纪和 19 世纪，俄罗斯园艺家和植物学家继续探索东方，直到他们到达西伯利亚和喜马拉雅山。当殖民者想要在新的土地上复制他们原来的土地景象时，各种不同种类的植物被从欧洲移植到其他大陆。

　　植物和园艺研究中心，如伦敦郊区的邱园，也是各种不同种类植物的交流中心。通过邱园，橡胶树从巴西传播到马来西亚，而印度茶树被移植到东非。

　　景观建筑设计虽然有着悠久的历史，但景观建筑设计是一门相对较新的专业，同时也是一门很有前途的专业。

　　19 世纪，景观建筑设计师的前身是风景园林师，如英国的汉弗莱·雷普顿和约瑟夫·帕克斯顿，以及北美的安德鲁·杰克逊·唐宁。他们一开始主要是设计私人花园和房地产，然后随着城市的发展开始设计公园。因此，这门学科的范围已经从景观的视觉欣赏发展到涵盖人与土地之间的整个自然关系。从某种意义上说，景观建筑设计从私人园林设计转移到更广泛的人工环境，可以被视为一场民主化运动。

1863 年，美国建筑师卡尔弗特·沃克斯（Calvert Vaux）与做过记者、农民和采矿经理的弗雷德里克·劳·奥姆斯特德（Frederick Law Olmsted）首次用"景观建筑"一词来定义他们的新职业。1858 年，他们赢得了纽约中央公园的设计比赛。1865 年，中央公园委员会董事会采纳了他们提出的"景观设计"一词。奥姆斯特德和沃克斯先是合作，然后各自独立工作。从 20 世纪 60 年代到 70 年代，他们在多个城市设计了许多公园、校园和住宅区。

随着城市的发展，北美出现了大规模的城市公园系统。例如，在 1881 年，奥姆斯特德和他的侄子约翰·查尔斯·奥姆斯特德开始为波士顿设计一个 11 公里长的带状公园系统。在波士顿的边缘，这个系统连接了波士顿、查尔斯河和富兰克林公园的公共绿地。这个项目后来被比作波士顿的"翡翠项链"，也叫"绿宝石项链"。

"绿宝石项链"有一个蓄洪和滞洪区，用于雨水排放。如图 1-2-5 所示是具体的规划图。

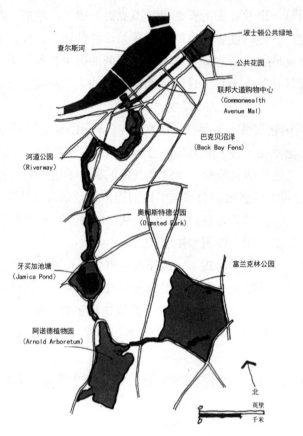

图 1-2-5 "绿宝石项链"具体规划图

在欧洲，市政公园由彼得·约瑟夫·勒内等园丁设计。勒内设计了德国第一个公共花园——马格德堡的克洛斯特堡公园，它建于 20 世纪 20 年代。在 19 世纪 50 年代的英国，有一位园丁约瑟夫·帕克斯顿设计了伯肯黑德公园，奥姆斯特德参观了帕克斯顿设计的伯肯黑德公园。19 世纪五六十年代，工程师让·查尔斯·阿尔芬德在巴黎设计了许多法国第二帝国风格的景观建筑。

至 20 世纪 40 年代，北美和欧洲西北的许多国家都设立了景观建筑设计这一专业。欧洲景观建筑联合会（EFLA）的第一次会议于 1989 年举行，现在它与国际风景园林师联盟合作，成为后者的欧洲分支机构。

日本在 1964 年成立景观建筑设计专业协会，澳大利亚在 1966 年成立景观建筑设计专业协会，新西兰在 1969 年成立景观建筑设计专业协会。后来，中国（1989）和印度（2003）也成立了与景观建筑设计相关的协会。到了 21 世纪，景观建筑设计在除非洲（南非除外）和中东以外的世界其他地区已经获得了坚实的学科地位。最近，该行业增长最强劲的国家是中国，中国通过环境立法促进景观建筑设计行业的发展。

二、中国传统文化对景观建筑设计发展的影响

不同于一些可以直接拿来照搬的设计风格，中国传统文化在当代景观设计中产生的影响是经历了不断的传承和迭代之后才形成的。笔者将这个传承迭代的过程分为三个阶段：第一阶段是中国传统文化对设计应用形式的影响，第二阶段是从设计形式到设计观念的转变，第三阶段是目前基于可持续发展理念的设计融合。

（一）第一阶段：对于设计应用形式的影响

不同国家的文化底蕴都会在其景观设计、建筑设计风格上有所体现，尤其是在景观这种造型、装饰都较为明显的形式上。应用形式上的影响是中国传统文化前期阶段最浅层的应用形式的影响，形式对于设计最直观的影响是外在表现方式和设计手法上的影响。早期我国本土各地的景观设计普遍采用的也是应用形式上的沿用。

仿古式设计曾经是我国诸多城市，尤其是旅游地区景观的热门设计形式。设计师将古建筑或者是古代园林形式进行原样照搬，然后安放到旅游区、老城区甚至是新城区当中，这就是最典型的中国传统文化对于设计应用形式的影响。这种表象上的模仿和照搬所产生的设计结果就是千篇一律的粉墙黛瓦、马头墙、宫廷式屋顶。这种直接挪用、照搬中国传统文化元素特质进行景观设计的方法，虽然能在某一阶段内满足大众的审美需求，但是这种盲目的挪用照搬，并不能从根本上起到美化城市的作用，而且无法融入当代城市规划当中。

这种对于表面表现形式的强调，其实从某些意义上造成了中国各地区景区景观的千篇一律，破坏了真正具有中国本土特色的地域性景观，这种大规模的盲目、粗鲁的照搬式仿古很容易忽视近现代中国传统文化影响下的景观风格。

城市中景观设计不应当是单一受到某种传统文化的影响而形成的，完善、健康的城市应当是融合了各种风格文化之后的产品，是在各种风格文化融合之后的一种和谐表达。

在中国传统文化与景观建筑结合性设计应用的初期，这种简单粗暴的照搬受限于当时的时代背景和科学技术，设计者在这一时期缺少思考，导致地域性本土建筑的特色没有得以保留，形成了千篇一律的仿古热潮。

除了仿古建筑和仿古街区之外，伴随着城市改造美化进程的不断加深，越来越多的城市开始进行整个街区的改造和更新。在城市发展过程中，这些街道影响了城市整体的整洁性，因此要对这些区域进行改造，虽然这样会美化环境、整洁街道，但却忽视了这些街道内部的自我更新，并且使最终的改造千篇一律，缺少自身的特征。有学者认为，改造和开发应该控制在城市整体规划的合理比例内，并且不应该一味地恢复古代的辉煌建筑，而忽视相对接近的过去。该设计理念对于中国传统文化在景观设计中的具体应用形式产生了影响，引发了诸多设计师的思考。城市景观的设计者所肩负的不仅是对于设计形式的打造，也不仅是在外在表现形式上对于景观进行仿古，景观设计师和城市规划者应当理性看待，设计师则应当更深层次地挖掘中国传统文化的内涵。

（二）第二阶段：从设计形式到设计观念的转变

经过了大规模出现中式仿古建筑之后，中国传统文化在当代景观设计之中的应用形式迎来了改变。早期，设计师在将中国传统文化融入设计时，第一时间想到的一定是中国建筑中那些显而易见的符号性设计，例如斗拱、木质结构、藻井等，对于一些地域建筑也有相应的符号性印象。这种对于中国传统文化相关设计形式上的刻板印象造成了前文提到的生搬硬套等问题，因此在这一时期设计师们开始从设计形式上有所转变，开始对传统文化中的文化符号进行符合设计需求的提炼和加工，然后再应用到自身的设计当中。在这一时期，设计师们通过将具象化的设计形式符号以抽象化的方式进行提炼和处理，让其与当代景观设计相融合，形成一种更具趣味的设计风格。景观首先从其定位上决定了其应当具有一定的观赏性，并且能够融于景观环境之中，但其也具备着功能性。

伴随着中国景观设计从设计理念上的不断更新，以及设计师和相关从业人员对于中国传统文化的不断深入研究，景观设计逐渐从设计形式转变到设计观念。从这一时期开始，在当代城市景观设计中，现代设计语言与中华传统文化相结合的优秀设计项目和设计作品越来越多，如王澍的体现出园林意境的诸多作品，以及取意于古书画的诸多设计项目作品等（图 1-2-6）。

（a）　　　　　　　　　　　　　（b）

图 1-2-6　王澍设计的作品

设计师的设计结果必然是由其设计思考所孕育而生，因此设计师对于中国传统文化的思考角度也影响着其自身的设计理念，所产生的设计结果也是因人而异的。设计师将自身的设计语言与中国传统文化进行有机的结合，或者从中国传统文化中选取符合自身设计形式的元素进行具体的应用，从而使设计结果百花齐放。这一类设计作品让作品的参与者能够在当代城市环境中感受到中国传统文化的思想内核在当代城市景观中的换新体现，因此这一时期的景观建筑逐渐体现出了自身所拥有的独特文化性，向世界传达出了当代中国在景观设计领域所拥有的独特文化表现形式。从一味挪用照搬到从氛围营造上来体现中国传统文化，是我国景观建筑发展过程中的一个重要进步。

（三）第三阶段：基于可持续发展理念的设计融合

近年，在我国各行业中可持续发展理论已成为主流探讨话题，人们对环境的重视和对自身行业的相关性都具有很强的关注度。在景观设计中也逐渐兴起了对于建筑更新和绿色、低碳等相关理念的提倡，可持续发展必然是未来城市更新发展的重要方向。从设计层面上响应可持续发展理念应当从低能耗建造材料这一角度进行设计考量。在传统的景观建筑设计视角当中，作为第一考量条件的通常是景观设计和植物配置，而不是可持续发展理念中所强调的自然环境。在未来的城市景观设计当中，对于中国传统文化如何在景观设计中继续进行富有价值的迭代继承，理应从可持续发展角度进行设计思考，将自然环境、景观设计、植物配置纳入综合性的可持续发展角度下的考量计划。可持续发展理念顺应了中国传统文化中"天人合一"的哲学观念，是设计理念上的传承延续，因而在景观设计过程中也应坚持中国特色可持续发展的原则。

中国香港为了适应不断增长的人口，在 20 世纪 60 年代开始规划新市镇的发展，其景观建筑设计业自 20 世纪 70 年代末开始持续发展，其中代表性的设计为沙田公园（图 1-2-7）。

图 1-2-7　沙田公园

第二章　现代景观建筑设计的行为研究

本章是关于现代景观建筑设计的行为研究的内容，主要从现代景观建筑设计中灵感的探究、现代景观建筑设计中的概念表达展开具体的论述。

第一节　现代景观建筑设计中灵感的探究

积淀唤起性是建筑设计灵感文化特征中的第一顺位特征，是从灵感的前期准备到灵感迸发这一刻的整个过程的核心特征。周恩来总理就灵感问题这样说——"长期积累，偶然得之"，这表达了灵感的迸发是一个长期的积淀过程。本书把积淀唤起性的内容拆解为积淀和唤起两个部分。在积淀过程中，将前期积淀分为两个层面，第一个层面是分析思想观念上的积淀，第二个层面为专业学习和实践经验的积累。通过分析积淀的思想观念、专业学习、实践经验以及唤起时有关目标、个人品质、思维方式等，得出了众因素间的关系，揭示建筑设计灵感迸发的根源。

一、积淀

（一）文化的烙印

一方水土养一方人，成长中的文化环境对于个人观念的塑造是极其深刻的。作为在中国成长的笔者而言，中国传统文化对笔者最初思想观念的形成起着决定性的作用，在笔者心中留下了不可磨灭的烙印。这也是积淀第一层面的第一个组成部分，是灵感迸发的初始。具体来说，中国传统文化中物尽其用的传统思想、尽心竭力的工匠精神以及传统建筑文化的熏陶是中国景观建筑设计师灵感积淀的基石，是其灵感迸发的初始积累。

中国作为一个泱泱大国，幅员辽阔，资源也十分丰富，但中国人却有着很强的节约意识。同时，因常见台风、地震等自然灾害，故对其有限的资源更是谨慎对待，希望能够物尽其用、可持续发展。对于在这样环境中成长的建筑师而言，物尽其用的观念深深地影响着他们，在他们心中留下了烙印。很多建筑师在采访中也曾明确表达过，这样的成长环境培养了他们不浪费材料的信念。而其他国家的很多建筑师也都受他们本国文化环境的影响。比如，日本的建筑师也有物尽其用的思想，其著名设计师坂茂就致力于纸建筑，强调材料的生态与回收性，他认为："构想出这样的'纸建筑'的契机，只是简单地出于东西扔了'太可惜'的心理。"由此可见，文化对于景观建筑设计师的影响是十分深远的，尤其是在灵感方面。

1. 尽心竭力的工匠精神

每个民族都有着自身独特的文化和民族精神。相匹配于物尽其用的思想，中国传统文化中有着尽心竭力的工匠精神。显然，具备此工匠精神是很多建筑设计师应该重点培养的，因为它能持续推动建筑师的建筑设计行动，为建筑师快速有效地积累建筑设计专业知识扫清障碍，对建筑师个人优秀品质的形成也有着至关重要的作用，是其灵感思想观念积淀中的重要内容。作为景观建筑设计师，他们也要通过行动证明自己有着用心去做好每一件事情的工匠精神。工匠精神也体现在其重要的工作原则上。笔者认为，决定要不要接下那件工作与设计费的多少并没有关系，如果有什么条件或基准的话，那么就是自己所做的建筑要经受他人的评价与批评，这会让自己保有一份紧张感。

2. 传统建筑文化的熏陶

对于景观建筑设计师而言，成长环境中的传统建筑为建筑设计建立了最初的想象力，而传统建筑文化也从各个方面塑造着建筑师的建筑思想，也是建筑设计灵感迸发的源泉之一。传统建筑文化的熏陶首先体现在对建筑设计材料的选择上。在中国传统的建筑空间中，大量木材的使用是显而易见的特征。木头取材于自然，可再生，具有特别的质感，给人以容易接近、温暖、轻质的感觉，加之本身硬度适中且方便加工，用它建造的建筑不仅坚固而且富有弹性，具备良好的效果，故其是建筑结构及装饰的常用材料，很多建筑设计师会在作品中经常运用木质材料。这就是受传统建筑文化熏陶的体现。

3. 西方思想文化的嫁接

单一的文化难以造就多元的思想，而不同文化的碰撞则能够发散人的思维。不同文化能让人通过不同的视角去发现同一事物的更多可能性，并最终激发灵感。

上文总结了灵感积淀唤起性中积淀过程的第一个层次，即在思想观念上的积淀，主要论述了传统文化塑造了建筑设计师最初的价值观和建筑认识，具体而言，物尽其用的传统思想、尽心竭力的工匠精神、以人为本等观念构建了建筑设计师的建筑观，为建筑设计灵感的迸发提供了前提条件。

（二）专业的积累

灵感迸发前的积淀是一个漫长的过程，第一层次思想观念的积淀是具体建筑设计及其他方面灵感迸发的前提，而第二层次的积淀指应把目光聚焦于建筑设计的具体内容，这能够让景观建筑设计师迸发更具体的建筑设计灵感，是积淀过程的后一个阶段。换句话来说，第二个层次是景观建筑设计师对具体建筑设计专业知识和实践经验的积累，这是与建筑设计灵感迸发直接相联系的知识经验，能够让景观建筑设计师迸发具体的建筑设计灵感。其具体内容是接受系统的建筑教育、向建筑大师学习并研究其作品学习，而这些专业内容以及长期的建筑设计实践经验，会一同促进建筑设计灵感的迸发。

1. 建筑教育

良好的建筑教育是建筑设计认知的基础，并能为景观建筑设计师提供基础的建筑知识和设计素养。对于景观建筑设计师而言，其所接受的建筑教育是十分重要的。毫无疑问的是，景观建筑设计师在学习过程中的所见所闻都深深地影响着其建筑设计的方向，并指引着其建筑设计实践。很多时候，建筑教育也是鲜明的、不同的，比如重视前卫个性的南加州建筑学院与重传统历史的库伯联盟学院的教育有很大差异，而20世纪批判的建筑发展史也让建筑师能够从多方位的角度去认识建筑设计这一专业。因此，在灵感的积淀方面，作为景观建筑设计师应该充分重视自身的教育，应该充分把握住每一次受教育的机会，这样才能做好灵感的积淀。

2. 大师及其作品的启发

在具体的建筑设计实践之中，通过阅读和解释不同大师的作品，可以获得更为丰富的灵感。比如，通过阅读和解释密斯的作品，可以学习其建筑中的空间流动性。范斯沃斯住宅（图2-1-1）是笔者最喜欢的建筑之一，笔者认为它解放了西方传统封闭的空间模式，创造了室内外空间的连续性。

图 2-1-1　范斯沃斯住宅

在建筑表皮的主题下，景观建筑设计师可以尝试对密斯作品进行转化，作为一种学习，重新解读密斯作品。又如，弗雷·奥托对景观建筑设计影响最大的就是研发和探索了属于他自己的结构与材料（图 2-1-2）。

（a）　　　　　　　　　　　　　　　　（b）

图 2-1-2　弗雷·奥托的屋顶构造

弗雷·奥托是南加州建筑学院的建筑师，他对结构与材料的研发为很多建筑设计师树立了榜样。

通过向不同大师学习及研究他们的作品，相信景观建筑设计师可以获得不同方面的灵感。

（三）长期实践的经验与感受

鲜明的教育让建筑设计师学习了专业知识，开阔了眼界，让建筑设计师能够从不同的视角去看建筑设计这一专业。大师及其作品为建筑设计师提供了示范，很多建筑设计师也从开始的认同，逐渐将示范内化，为自己所用，这些无疑都是建筑设计灵感积淀环节的重要内容。而学习后的实践给建筑设计师带来的经验也十分重要,这进一步加深了建筑设计师对建筑设计的理解,是重要的专业知识积累,是灵感的源泉之一。

在实践过程中建筑师可以对材料和结构有很多独到的认识。比如,有的景观建筑设计师认为材料不结实也可以建造结实的建筑。也就是说,材料本身的强度与用它建造起来的建筑自身的强度没有绝对关系,建筑的强度取决于使用的各种材料是如何进行结构设计的。有的景观建筑设计师认为建筑材料本身越轻,对建筑的抗震性越是有利,还有的建筑设计师认为正是因为使用了强度弱的材料才能营造出来空间。日本第三代结构工程师松井源吾认为结构并不是为了制约什么而存在的,而应该是为了扩展可能性而存在的。这些认识都是建筑设计师灵感的源泉,让景观建筑设计师能够打开思维,积极去探寻材料和结构的诸多可能性。

由此可见,长期实践的经验感受也是景观建筑设计师灵感积淀的重要源泉。

二、唤起

灵感包含着两个独立的过程成分:"by成分"即"被……启发","to成分"即"被启发去……"。也就是说,状态灵感是由特定的诱发刺激所唤起的,并使个体趋向于预定目标。所有可能诱发刺激的集合,是灵感迸发的根本原因。但这些刺激并不都是特定的刺激,所以分析景观建筑设计灵感,考察各要素之间的关系是十分重要的。笔者认为富有启发激励的设计目标能够促使创造性观点的产生,而极致发挥的内在品质作为催化剂,能够将一部分积淀内容转化为创造性观点,有的则参与调控灵感迸发的进程,而独辟蹊径的思维意识配合内在品质的参与,最终能够促进具体的景观建筑设计灵感的迸发。

（一）启发激励的设计目标

其实,目标的确立来源于平时的学习积累,来源于经验感悟以及深思熟虑。建筑设计师只有拥有丰富的积累,才能树立好的目标。目标意味着前进的方向,意味着注意力集中与精力投放的方向。一个富有启发的目标会像灯塔一样给予航行者明确的方向和信心。目标也是灵感迸发的桥梁,是灵感迸发的导火索。实验证据表明:"灵感的迸发与目标的设立呈正相关。"富于激励性的设计目标更是灵感迸发的强力诱因。

1. 个人的构造形式和材料

对于个人构造形式和材料目标的追寻,其根源来源于晚期现代主义思潮。巴克明斯特·富勒和弗雷·奥托为建筑师们树立了榜样，他们主张建筑设计师去追寻属于自己的构造形式和材料。这也影响了建筑设计师追求自我的个人特征，让建筑设计师能够坦然地与众不同，并独辟蹊径地获取灵感。很多设计师希望自己的建筑风格能尽早确定下来，能够在建筑中表达出自己的个性。他们"自己做全部的设计，检讨细部，并思考构造。全部的点子都由自己出，做所有眼睛可以到达的工作，以确保有明确的识别与自明性"。

例如，日本建筑师积极地探求属于自己的构造形式和材料（图 2-1-3）。他们积极向结构工程师学习，设法把结构工程师的构造知识变成自己建筑设计的灵感来源。这些目标下的努力与尝试无疑大大提高了其建筑设计灵感迸发的可能性，如纸建筑的诞生正是该目标下的成果。

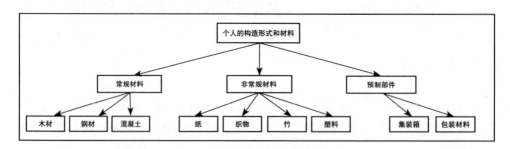

图 2-1-3　目标下的具体目标尝试

2. 设计的客观性和必然性

对于富有启发的建筑设计目标的树立来说，追求建筑设计的客观性和必然性也是不容忽视的一个方面。设计是被主观理解的，因此在那当中也有个别的喜好与否。然而是否有机能、材料是否使用得很好、是否合理，任谁都能够理解。不必非得让文化与宗教等背景都不同的人们理解自己的想法，这时候内容的容易理解与否及客观性就变得非常重要。所以，笔者认为建筑设计中最重要的资质就是自己做的工作能够具备多少的客观性与必然性，而这也是笔者在建筑设计中一直追寻的目标。

在客观性的追求上，笔者认为建筑设计是解决问题的。也就是说，景观建筑设计师思考的不是形状，是通过分析具体的问题来做成项目，追求解决问题后自然出现的"形状"。建筑设计师应该解释清楚每个项目的结构含义以及为什么选择一个特定的系统来实现一个特定的结果；还应概述所有的优点，以至于最后似乎不可能有任何替代的解决方案。同时，每一个建筑项目都是根据建筑系统进行评估的，这个系统嵌入设计中，同时又被转换成意想不到的东西。在对建筑设计必然性的追求上，景观建筑设计师应该谋求与周边环境和特定地域相适应的产品与体系，并尽可能使用可再生或当地出产的材料。

3. 以喜爱为评判的设计准则

在人道主义影响下，在长期实践的过程中，笔者认为景观建筑设计师应该树立以喜爱为评判的设计准则。这一准则会促使设计师去寻求人们喜爱的元素以及开发新的材料结构去满足人们的需求，并在寻找、思考的过程中迸发自己的建筑设计灵感。举例来说，日本的景观建筑设计师坂茂发现人在室内外结合区域会感觉比较舒适，所以坂茂特别重视室内外空间的连续性。同时，他也认为好的建筑、受人喜爱的建筑是有光影的，是通风的，所以他在建筑设计中特别重视这一点，甚至在救灾的临时性建筑中也可以清晰地看到。如图 2-1-4 所示，华林小学屋顶的孔洞十分具有独特性，坂茂认为白天阳光可以透过孔洞射入增加室内亮度，而晚上教室的光可以透出，让建筑成为周围的"灯笼"，这让建筑充满生机。坂茂也会在意建筑与周围景色的关系，把人们喜爱的景色最大化地融入建筑设计中。坂茂还会在空间中传达大家喜爱的价值观念，如平等、共享、公平等理念，让空间变得更加人性化。而这些为坂茂灵感的迸发提供了确切的方向，增加了建筑设计灵感迸发的可能性。

（a）　　　　　　　　　　　　（b）

图 2-1-4　人们喜爱的建筑元素

4. 以需求分析为主的影响

虽然由于文化的不同、观念的不同，每个设计师的设计有自己侧重的方面。但是景观建筑设计作品想要有持久的生命力，它就一定要满足人们的主观需求和客观需求，比如审美需求、经济价值需求、使用功能需求等。而且，在景观建筑设计的过程中，各方面的需求也是影响设计灵感的重要因素。

为了更好地获取灵感，设计师可以对人们的主观需求进行分析，对景观建筑设计合理存在的客观需求进行分析，找到更好的设计思路，以指导最初的景观建筑设计的形式和表达方式。同时，这也能提高设计师和国民共同的艺术修养，创造出更符合科学原则、反映社会需要、促进技术发展、提升美学观念和实现价值取向的现实表达作品。

（二）极致发挥的内在品质

在激发灵感的导火索中，个人品质是不可忽视的影响因子，它影响着一个人的行为和效率。如果说富于启发激励的目标为灵感的迸发提供了方向和可能性，那么其极致发挥的内在品质如专注，无疑能够让刺激发挥到最大的功效。创作者个人品质与创作者灵感间的关系，个人品质中的开放性和积极情绪能够产生创造性的观点，而创造性观点在趋近气质的调控下更能够促进创作者灵感的迸发。（图2-1-5）

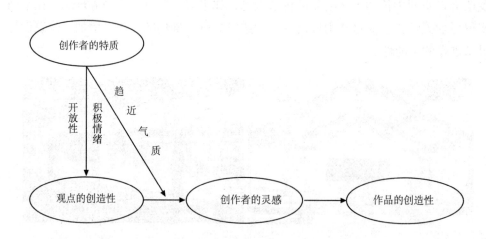

图 2-1-5　内在品质与创作者灵感的关系

研究发现，获得创造性的观点与被启发是两个不同的过程，前者在时间上先于后者。也就是说，对于建筑设计师而言，在灵感迸发前，先是开放性和积极情绪推动创造性观点的产生，后在大脑内部专注加工以及趋近气质的调控下灵感迸发，而开放性、积极情绪和趋近气质都会受到目标的影响。分析下图（图2-1-6）我们可以了解灵感唤起过程中众因素间的关系。

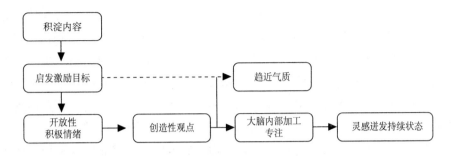

图 2-1-6　灵感唤起过程中众因素间的关系

可以发现，灵感的迸发离不开众多卓越内在品质的参与，其中创造性观点是灵感迸发的前提，趋近气质则直接调控着灵感的迸发，如果一个景观建筑设计师完全具备这些，比如开放气质中的敬意尊重、全力以赴下的敏锐专注、趋近气质下的行动坚持等卓越品质，那么他的作品肯定会获得人们的认可。

1. 开放性态度与积极情绪

开放性态度和积极情绪能让人在日常生活中获得更多的启迪，是产生创造性观点的前因，是状态灵感迸发的重要前提条件。如图 2-1-7 所示，若建筑师不以开放性态度和乐观情绪来面对众多废弃的纸管，就不会有纸管可作为建筑材料的创造性观点，那么纸管可能被回收而不是转化为建筑材料。可以说："仅凭借着站在新视角使用身边的东西这一点，就能做出对环境不产生负荷、美观且牢固的建筑。"

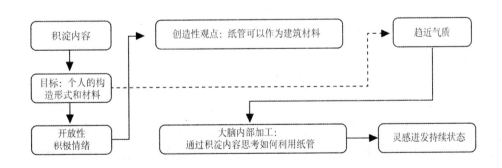

图 2-1-7　开放性态度与积极情绪的影响

一个景观建筑设计师是否拥有开放性态度和积极情绪，我们可以从外界对他的评价中得知。比如日本的建筑师坂茂，很多人都觉得他具有开放性态度和积极情绪。又如，弗雷·奥托曾说："我对自己很挑剔，要求也很高，没有什么超级明星的野心，但我工作时总是带着幽默和快乐。和我一起工作是一种独特的经历，我总是对新想法保持开放的态度，从不忘记自己的目标。"对弗雷·奥托，普利兹克奖的评审词中有这样的评价："至关重要的是，他对居住其中的人们心怀敬意，不论他们是自然灾难的受害者，还是私人客户或者公共大众。这份尊重体现在他用心的工作方式、合理的布局、精心的选材以及丰富的空间上。"

应该说，景观建筑设计师对于材料、物质的本质和其可能性要不抱任何先入为主的偏见，应从零开始探索，想出革命性的创意。尤其是要一直对各种各样的影响持开放态度，积极地与专业人士接触、探索，向他们学习，然后完全吸收他们的有益信息并应用到自己的设计中。

2. 全力以赴下的敏锐专注

专注能让个体将自己的注意力聚焦于事物的核心方面，是能使个体沉浸于目标追求的卓越品质，是灵感迸发的催化剂。景观建筑设计师不仅要能够做到短时间专注，还要能够做到随时并长期对一件事情专注，这表现为全力以赴下的敏锐专注。

可以说，没有人能够不被景观建筑设计师对建筑设计的全力以赴和专注所打动。作为景观建筑设计师，就是应该一心一意地往前走，即便有障碍物也不要轻易转弯。需要告诉人们的是，社会中最强的并不是集团与组织的意志，而个体的意志才是最真挚的意志，并能启动整个社会的运转。

正是抱着这样执着的信念，创作者专注执着于每一个经手的建筑设计案例，坚定不移地认为建筑师应该为普通人服务，承担社会责任，创造受人喜爱的建筑，并因此调动全身的能量去发现、研究，拼尽全力找出设计限制的解决之道。

3. 趋近气质下的行动坚持

趋近气质能够调节灵感的迸发。具体而言，趋近气质下的高行为激活的个体容易灵感迸发，而不在趋近气质下的低行为激活的个体灵感难以迸发。而对于建筑师而言，如果他一直处于趋近气质之中，表现为永不知疲倦的行动坚持，那么就会很好地在灵感方面获得支持。普利兹克奖的评语这样说道："对于一位永不知疲倦的建筑师来说，其作品肯定散发着乐观的精神。在别人眼里不能克服的挑战，建筑师却看到前进的动力。在别人眼里充满未知的道路，建筑师却看到创新的机遇。作为一名投入的建筑师，不仅应是年轻一代的榜样，更应是他们的旗帜。"

（三）独辟蹊径的思维意识

如图 2-1-8 所示，除上文提及的追求个人的构造形式和材料的目标，能够促使景观建筑设计师产生创造性观点之外，对设计限制的拥抱态度和对传统观念的质疑挑战也是建筑师开放性的表现，是产生创造性观点的另外两个途径。而有了创造性观点后，通过对原型审视下的联想转译配合自身的主动专注，最终将推动自身建筑设计灵感的迸发。

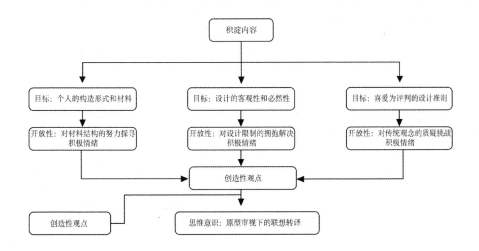

图 2-1-8　各思维意识在灵感唤起中的作用

1. 对设计限制的拥抱思索

建筑设计师应该认识到如果对设计限制采取拥抱思索的态度，那么在面对限制的过程中就能够提出一些意想不到又合乎情理的创造性观点。而以解决问题的理性态度去面对这些限制，设计出的作品也自然会具备客观性与必然性，所以建筑师应该一直非常乐观积极地面对设计限制。

很多时候，景观建筑设计师就算带着问题意识，也不知道究竟应该怎么办，只有像卢旺达和神户那样，有个似乎可以具体做出些什么的场域，那么去了那个场域以后，发现自己的实际目标是被需要的，而得以发现各种问题点。所以，有的建筑设计师喜欢并希望在设计中有设计限制，如设计的场地条件很困难，又或是很低的预算，这样他们就能够在解决问题的过程中产生创造性的观点，进而激发设计灵感。

2. 传统观念下的质疑挑战

除了可以从设计限制中获取创造性观点，建筑设计师也会从对传统观念的质疑挑战中产生创造性观点。例如，日本著名设计师坂茂的作品之一"裸宅"，在裸宅的设计中他对房屋的传统房间观念及家庭生活概念提出疑问，并创造了一个半透明、近乎魔幻的氛围。裸宅造价低廉，外部墙面用透明的瓦楞塑料板做围护，而室内墙面为木构架上绷白色腈纶。这种精巧的普通材料复合，自然又有效，创造了一个舒适、环保性能高，同时又具有极佳采光效果的环境。如图2-1-9所示为裸宅的创造性观点与灵感迸发的唤起过程。

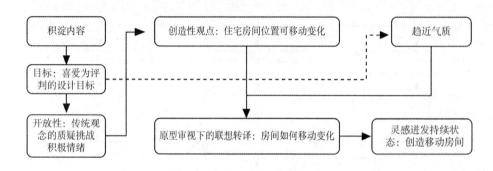

图 2-1-9　建筑灵感唤起过程

在家具屋的设计中，建筑设计师对传统家具功能使用采取开放和积极态度，产生了家具也可以做承重构件的创造性观点，并最终联想转译激发灵感，建造了一个以家具为结构的建筑设计作品。

3. 原型审视下的联想转译

有了创造性观点之后，灵感唤起进入最后一个环节，即围绕创造性观点对设计原型进行联想转译。每一个灵感的迸发都会有联想转译的对象。也就是说，灵感都由设计原型启发而来。而这些原型来自个人接触的环境，如文化、设计限制中的场地形状、积淀内容等。概括来说，原型就是能够启发并能被设计师联想转译的一切有效信息。而灵感的偶然性迸发，其实就是原型能够被接触联想到的结果。

如图2-1-10所示，法国蓬皮杜梅斯馆的设计原型是斗笠和弗里·奥托的轻质结构工作室。有建筑师表示："我第一次看到中国风格的斗笠是在巴黎的一家普通商店，我以为这是一个建筑。编织的竹子是其结构框架，下面是一层干燥的叶子作为隔水，并且在被拉伸的顶部是油纸作为防水。换句话说，我注意到它的组成类似于屋顶。我一直思索如何像斗笠中的竹子那样灵活使用均匀铺设的胶合层压木材。大约在同一时间，我参观了弗里·奥托的轻质结构工作室，该工作室已经在1967年蒙特利尔世博会建成了西德馆原型，但是为了控制工作室的室内环境，一个木壳屋顶放在了缆绳上方。当我看到这一点，我意识到这个结构事实上是双层的，屋顶形状是用木材外壳实现的，所以该结构可以在没有钢索的情况下成立。"有了胶合层压木材也可以弯曲编织，这给了一些建筑师以创造性观点，他们有的对这两个设计原型进行审视，并最终在转译的过程中激发灵感。

图 2-1-10　蓬皮杜梅斯馆的设计原型及蓬皮杜梅斯馆

　　如图 2-1-11 所示，在中国台湾台南美术博物馆的案例中，建筑的创造性观点来自丹麦路易斯安那博物馆的设计思想，其认为成群的展厅应该分布在美丽的自然景观之中。在原型路易斯安那博物馆的设计中，艺术博物馆和公园内的活动是彼此分离的，但通过对台南场地原型的考察后，发现这里的用地更为紧张，所以建筑师将大小不同的展厅错落有致地彼此堆叠在一起，在每个展厅的顶部创建了相互连通的公园空间，而相邻展厅之间的空间则形成了博物馆的入口。如果一个建筑采用正方形结构，它的方向感和正面给人的感受都会很强烈，尤其是在这一项目中。因此，通过转译联想到的设计原型——台南五瓣凤凰花，创建了一个巨大的五角形框架，将所有的方形展厅覆盖在下方。

图 2-1-11　台南美术博物馆的原型启发

又如，在摩纳哥缆车中途站的设计中，皇家宫殿的位置比较高，可以看到中转站的屋顶，所以车顶采取摩纳哥已故王妃最爱的玫瑰花为原型，加之建筑设计师联想转译了他早期的木造建筑，最终灵感迸发，用木材建造了玫瑰花状的屋顶。（图 2-1-12）

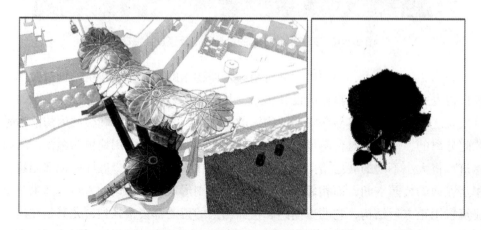

图 2-1-12　摩纳哥缆车中途站的原型启发

这样的设计原型大量存在于建筑设计师的积淀内容中，如鹰取教堂的椭圆大堂来自贝尼尼为罗马教会建造教堂时所用的椭圆概念，九宫格之屋是海杜克九宫格的转译，幕布房子是对密斯幕墙宅的转译，等等。

通过以上内容，我们可以对于影响景观建筑设计师的一些因素有充分的了解，也对于如何来创造和激发灵感有一个大致的认识。相信很多建筑设计师如果能够很好地把握住灵感，就能够在景观建筑设计中创造出更多更为优秀的作品。

第二节　现代景观建筑设计中的概念表达

一、场地分析研究

（一）图解分析

一个精心挑选的项目地址——通过分析研究也许可以带来一个潜在的、与生活密切相关的景观项目，这样的分析研究通常来说能够影响并说服当地的建设决定——让开发商和政府都来支持该设计方案。

以赫尔历史中心（东约克郡）为例，克劳迪娅·科西利厄斯绘制并使用 Photoshop 处理地形图，同时根据地形测量局提供的现场循环线路以及主要地标绘制分析图纸（图 2-2-1）。

"1"是周围道路交通所产生的噪声，"2"是主要车行线路，"3"是主要人行线路，"4"是咖啡馆和公共场所的位置，"5"是场地中的主要视野，"6"是附近的开放公共空间。

图 2-2-1　分析图纸

（二）微气候研究

通过研究克劳迪娅·科西利厄斯绘制的分析图纸可以得到口袋公园以及该人行道一年中不同季节在一天当中的阳光获取量，如下所示：

A.3月21日和9月21日，上午10：00，入口和公园北侧都处于阳光的照射下。

B.3月21日和9月21日，中午，口袋公园和柱廊都处于阳光照射下，同时树木投下讨人喜爱的阴影。

C.仲夏的下午，口袋公园处于午后阳光照射下。

二、高差层次分析

我们走在乡间小路上时，会有意无意地注意到高差关系。从连绵起伏的丘陵到逐渐低陷的河谷，我们无不感受到高低起伏的变化，但在城市中，我们往往容易忽视这种不断变化的景观轮廓。

（一）用色彩标识高差

以沃尔布鲁克广场（伦敦）为例，建筑师们很难在平面图纸上标识直观的地形高差变化。由于单位尺度的线只能清楚地反映水平方向的高度，但不能同样清楚地反映两点之间的高差，为了处理这一问题，建筑师们尝试了几种不同的方法。这一项目位于历史悠久的沃尔布鲁克河畔，它是罗马时期伦敦最重要的河流之一。虽然现在这条河流消失了，但是仍然能明显地感受到地面向河谷倾斜的趋势，并且有3米的落差。为了清楚理解坡度并进行明显的标识，如同地形图所采用的方式：处在20厘米高差范围内的景物用同一种颜色表示。这种标新立异的方法和对高差关系的详细分析，使得对地面的设计在成本上节约了75万英镑。以下是海迪·亨德利（Heidi Hundley）使用贝罗尔彩色铅笔，平面拷贝图上色绘制于A3纸上，用时1天的图纸（图2-2-2）。

图 2-2-2 沃尔布鲁克广场（伦敦）图纸示意图

（二）高差关系和给排水系统研究

在景观工程中出现的水洼通常反映了设计中存在的缺陷，所以进行高差关系和给排水系统研究是非常必要的。

整理高差关系和设计给排水系统的工作虽然非常耗时，但是它能体现出设计师的核心才能，整个设计过程也是一个享受的过程。在研究地形高差的时候，你可以把自己想象成地面上的一滴水珠。理论上来说，它始终会以最短的行程向低处滚动，能有效地说明地面的自然状态。最好能够通过设计改变高差来加大坡度，例如 1：30 或 1：35。若坡度太小，则很难达到设计目的。

三、瞬间的视觉记录

对于瞬间的视觉记录来说，现场设计是十分重要的。在与当地的苗圃工人边走边交流的过程中，设计师完成了设计草图（图 2-2-3）。在与当地的专家讨论现有和拟用的植物后，熟悉了当地的情况并了解了可供利用的植物储备情况，这为设计师节约了大量的时间。设计草图可充分体现其交流成果。本可以用电子图稿的方式进行记录，不过在纸张上徒手表现更能在视觉上捕获那一瞬间的灵感。用百乐超细钢珠笔和施德楼水溶性彩色铅笔，绘制于 A3 描图纸上，用时 4 小时。

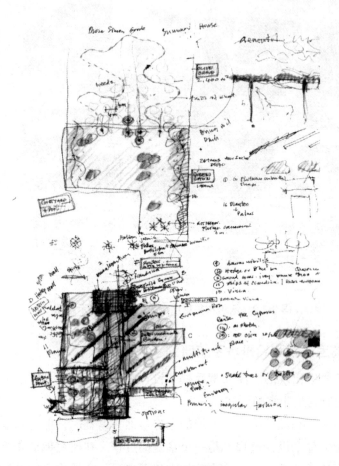

图 2-2-3　设计草图

四、顶视图

在飞机上鸟瞰下面的世界可以让我们有更广阔的视野，这将有助于我们更加大胆地构思和进行方案设计。

以位于法国的尼姆艺术广场为例，设计师以轴测图（图 2-2-4）的方式对以城市为背景的尼姆艺术广场进行了描绘。其使用 2H 铅笔，绘制于 A1 硫酸纸和聚酯薄膜上，用时 20 小时。

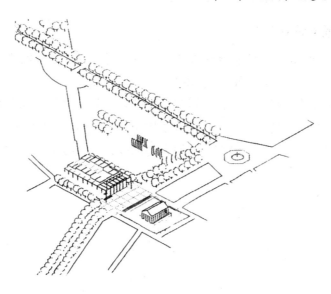

图 2-2-4 轴测图

（一）规划设计的手绘表现

如图 2-2-5 所示为尼姆艺术广场的设计图。法国斑马彩色钢笔，绘制于 A1 醋酸描图纸、印于光面纸上，用时 3 小时。这一规划方案的绘制主要用来探讨新建一条从机场到尼姆的主干道，且要穿过新建成的公园。不过这就会涉及对一个刚竣工的公园进行改造的问题。虽然这一方案最终未能实现，但是这个想法有相当大的可行性；为了避免路线设计的冲突，在设计过程中也做出了法国 TGV 高速铁路系统的改道规划。

图 2-2-5 尼姆艺术广场设计图

（二）概念设计理念

如图 2-2-6 所示，这些手绘草图是在从格拉斯哥飞回伦敦的途中绘制的（拉米钢笔，绘制于 A3 纸上，放大至 A0 规格，用时 90 分钟），是关于将来规划中在这里修建学校的提案。其中，通过设计使游乐场的高度低于周围地面的高度，形成一个露天的游乐场，由此产生的弃土用于平整其他部分的场地。将画面放大以表现局部细节时，图纸并没有失去原有的韵味，而且线条经过放大处理显得更为大胆和夸张。

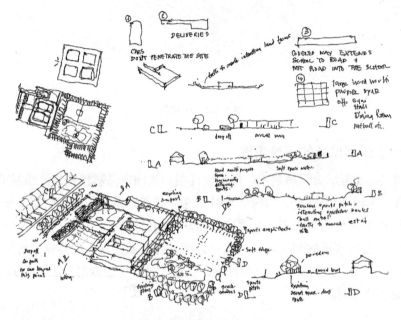

图 2-2-6　尼姆艺术广场草图

五、植物配置规划

使用明亮的、概念性的色彩代表不同的植物，可以使设计流程变得更顺畅，所以景观设计并不是一个简单而现实的园艺工作。

（一）道路铺装与植物配置设计创意

如图 2-2-7 所示为劳埃德集团的设计草图，芬彻奇中街，伦敦。使用 HB 铅笔，绘制于 A2 描图纸上，用记号笔和修正液加以强调，用时 2 小时。

图 2-2-7　芬彻奇中街设计草图

该设计的出发点是以伊斯兰风格为基调，通过花园和地毯式的铺装设计，使城市墓地再现人间天堂般的美好感觉。这里的"地毯"是哥白林厂生产的包豪斯风格的纺织品，在 1932 年使用棉花、羊毛、亚麻和金属线制成，并由此决定了植物配置和道路铺装的构成形式。更重要的是通过景观设计明显地反映了该项目的活力。描图纸两侧的色彩用于强调图纸最终的丰富性和视觉效果。

（二）板球场上的植物配置方案

如图 2-2-8 所示为罗德板球场植物色彩设计图。使用蜻蜓尼龙签字笔和红环 0.18 针管笔，绘制于 A1 描图纸上，缩小到 1/3 规格，用时 2 天。

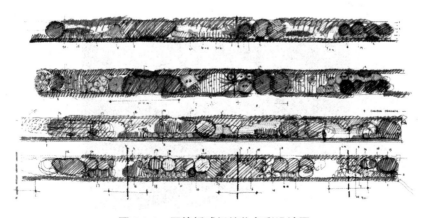

图 2-2-8　罗德板球场植物色彩设计图

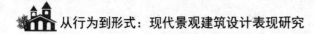

这些白色开花植物的配置是由八人组成的委员会所选择并批准的。样式的变化、组合的方式和比例搭配成为其设计的主要元素。图案、重复和比例成为占据主导地位的设计元素，以使草图描绘背后的植物配置设计抽象概念得以表达。重要的是这些设计方案图由一些技术信息支撑，其中还包括了植物简介（图 2-2-9）。

图 2-2-9　植物简介示意图

（三）为学校做的植物配置

伦敦帝国理工学院入口处的一个突破常规的植物配置设计方案（图 2-2-10）可以引导学生进入校园。

图 2-2-10　学校植物配置

（四）灵感的获取

虽然我们能够从艺术作品中汲取灵感，不过令人失望的是图画并不能完全反映出四季自然的变化，不能忠实地表现植物的生长情况。

在图纸上客观实在地表现植物是很困难的，因为在一年中植物会发生巨大的变化。此时利用色彩的冷暖对比来表现植物配置方案，对设计师个人来说是一个很好的方法。（图 2-2-11）

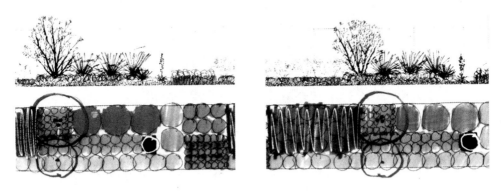

图 2-2-11　色彩的冷暖对比图

同时，上述的对比图也是为了质疑和检验位于南肯辛顿的伦敦帝国理工学院入口处新的植物配置设计概念而设计的。这两张速写（图 2-2-11）表现了由拟用的植物所渲染出的环境氛围。

第三章　现代景观建筑的规划设计

本章对于现代景观建筑的规划设计进行了一些分析，主要对现代景观建筑设计的过程、现代景观建筑设计的表现进行一定的论述，以帮助读者具体了解现代景观建筑的设计。

第一节　现代景观建筑设计的过程

一、景观建筑设计从任务到完成的过程

设计过程（图 3-1-1）是指设计师接受委托任务后，所做出的回应。这种回应有时是合乎逻辑的，有时是基于直觉的，有时则表现得较为实用主义。这个过程包括设计方法、技巧和灵感等内容，它们共同形成了一项有针对性的行动计划。如果将项目概要划分为以问题为导向的和以解决方案为导向的两大类，则其制定方法可以简化。例如，一个商务园区的建议书可用以问题为导向的方式来制定：它有非常大的占地面积，有一套既定的路网，有大片的高楼建筑，并配置了相应数量的停车位（例如，每 20 平方米建筑面积配置一个停车位）。以这种方式制订建议书，有助于确定后期对开放空间的设计方法，如是否建设池塘或湖泊以调节湿度，是否在办公区建设配套的景观绿地或花园作为周边绿化带。与之相比，一个以解决方案为导向的项目概要则可能是将商务园区视为办公场所，而对其开放空间的设计和对环境的营造则以能够增强员工的创造力和团队协作力为目标，因为优质的环境能使人们从日常的会议和办公中短暂解脱，得到放松。这种方案可能会提供一个注重景观的花园设计，能让人们在办公时将视线从电脑屏幕转向水绿相间的愉悦景色，以得到休息。这是一种鼓励人们以团队的方式一起工作的环境设计，易于到达的花园，可用于员工们放松身心、沉思冥想，或偶尔一起讨论。

景园中有整洁的小径，员工可在这里漫步、聊天或打高尔夫球等。于是通道设计和场所规划也要服从于这一目标。此处的重点是，一个更好的环境会大力提升房地产的价值。

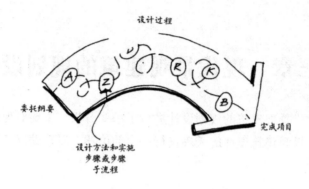

图 3-1-1　设计过程

（一）设计理念

1. 场所精神

设计理念常常经由对场所的背景性质即场所精神的探究而得到，理解场所不同的环境品质有助于拓展设计思路和引导设计过程。比如，西班牙科尔多瓦大清真寺（Great Mosque of Córdoba）的庭院（图 3-1-2），英国萨里的英式如画景观——佩因斯希尔公园（图 3-1-3），德国的后工业景观——北杜伊斯堡风景园（图 3-1-4），埃及西奈沙漠南部沙漠里的庇护处（图 3-1-5），荷兰格雷伯博格更高的视角——俯瞰莱茵河冲积平原（图 3-1-6），英国利物浦的现代公共区域（图 3-1-7），中国桂林的石灰岩喀斯特风景（图 3-1-8）等的设计，均是如此。

图 3-1-2　科尔多瓦大清真寺庭院

图 3-1-3 佩因斯希尔公园

图 3-1-4 北杜伊斯堡风景园

图 3-1-5 西奈沙漠庇护处

图 3-1-6 俯瞰莱茵河冲积平原

图 3-1-7 利物浦的现代公共区域

图 3-1-8 桂林石灰岩喀斯特风景

在评价环境文脉时，景观设计师需要熟知空间的功能、规模、并置和围合，比如，英国利物浦一号开发区的多层次零售公共区域（图3-1-9），西班牙阿尔罕布拉宫的桃金娘中庭（Patio de los Arrayanes）（图3-1-10），巴厘岛寺庙中的沐浴池（图3-1-11），巴黎圣母院的集中营殉难者纪念碑（Memorial des Martyrs et de la Deportation）（图3-1-12），英国剑桥，由后花园看向伦敦国王学院（King's College London）（图3-1-13），从拉德芳斯区观看穿越巴黎的城市大轴线（图3-1-14），意大利热那亚带有小瀑布的文艺复兴时期的庭院岩穴（图3-1-15），日本日光市的大瀑布（图3-1-16）。

图 3-1-9　多层次零售公共区域

图 3-1-10　桃金娘中庭

图 3-1-11　寺庙沐浴池

图 3-1-12　集中营殉难者纪念碑

图 3-1-13　伦敦国王学院

图 3-1-14　城市大轴线

图 3-1-15　庭院岩穴　　　　　图 3-1-16　日光市大瀑布

39

图 3-1-17 展示了场所精神的影响因素。

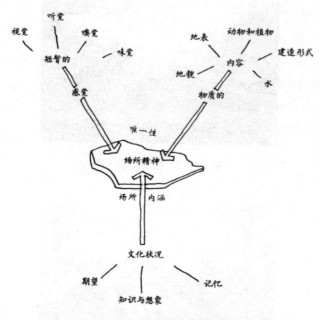

图 3-1-17　场所精神的影响因素

位于威尔士阿伯德罗（Aberdraw）的南特思姆杜山谷（the valley of Nant Cymdu）中雾气弥漫的高地牧场（图 3-1-18），此地的场所精神是凯尔特文化、牧羊和拥有这片牧场的裁缝们的记忆，他们在家中制作法兰绒套装，使用的是当地工厂纺织的毛料。

图 3-1-18　雾气弥漫的高地牧场

2. 为设计而透彻了解场所

景观设计需遵循一套有序的方法，例如场所调研、分析和设计（常简称为 SAD：survey，analysis and design），然后再通过对调查结果的分析透彻了解场所之后，才能确定设计方案。例如，不要在冲积平原进行建造，不要在陡坡或地基承载力较差的地段进行开发，也不要在具有生物多样性价值的地区进行开发。20 世纪 60 年代伊恩·麦克哈格采用的叠图分析法（sieve-mapping technique）是将不同条件的地图加以叠加来明确不同区域的设计可能性，如今的数字设计方式包括地理信息系统（GIS）使这种技术更为方便。叠图分析法既有局限性也有优势，另一种类似的设计方法是环境评价法，此类方法都要求理解场所和开发形式，遵循对称性或非对称性的构图规则。

（二）设计技能

设计技能可概括为：A. 思考；B. 解决问题；C. 研究；D. 设计；E. 交流。

必要的设计技能还包括创造一件"产品"的能力，采用的形式可能是：A. 绘图；B. 模型；C. 可视化和漫游；D. 构想。

这些可以是模拟的或数字化的，也可以是两者的结合。图纸可以是手绘的、机械绘制的（模拟的）或数字化的。同样，模型可以是真实、三维的物体，也可以是数字化创建的。设计的可视化，既可以像在漫画书中或电影故事板上进行手绘那样，也可以是一次数字化飞行体验。构想则包括通过叙述或线索书写的方式，甚至是通过社区研讨会这种活动来创造事物或事件的精神图像。城市设计行动组（urban design action teams，UDATs）正是这样的一种社区行动，从一开始它就参与进来，为项目出主意。

（三）设计技巧

设计技巧如图 3-1-19 所示。

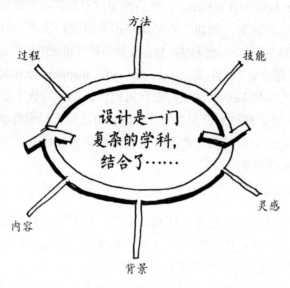

图 3-1-19　设计技巧

（四）设计方法

设计方法如图 3-1-20 所示。

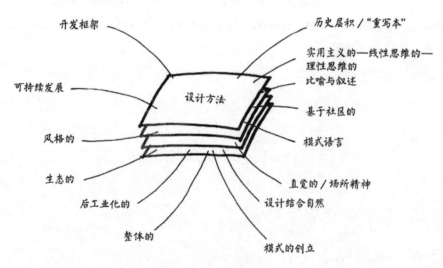

图 3-1-20　设计方法

二、从案例出发来看景观建筑的设计过程

下面以挪威奥达的市场和海滨——为社区空间所做的景观设计为例进行探讨。

奥达是位于极长的哈当厄尔峡湾（Hardanger Fjord）端头、卑尔根东南部的一个工业小镇，约有 7500 名居民，它以生产化肥和锌而闻名。镇议会希望振兴小镇的河流环境，希望景观设计能在提供一个市场的同时连接起小镇的东部和西部。

虽然它不是一个特别漂亮的小镇，但哈当厄尔高原（Hardangervidda）山脉环绕峡湾，景色清幽动人。在春季，海岸边的果树纷纷开花，以福尔格冰川（Folgefonna Glacier）为背景，景色令人心动。这些美景在 Bjorbekk & Lindheim 景观事务所为一个海滨市场所做的竞赛获奖设计方案中被充分发掘了出来。

通过项目景观设计师符文·维克（Rune Vik）设计的细致化的灰色花岗岩砌石工程，Bjorbekk & Lindheim 景观事务所重点强调了市场的硬质景观特点。植物种植限于树篱状山毛榉和成行的桠木，它们形成了一个防风林。主广场位于水边角，在两个现有的建筑之间，它铺设了带浅色条纹的花岗岩，一条泉水流淌的水渠穿过广场，水渠穿过步阶通往峡湾，3 根桅杆状的高杆是景色的收尾。场所东边的水边有一条橡木板路，两旁的长凳由木墙围护着，长凳也是橡木材质的，坐在这里，人们可以欣赏夕阳美景。这是一个经典的城市更新方案，景观设计起了催化剂的作用，为一个经济上面临挑战的小镇提供了一个引人注目的中心。

Bjorbekk & Lindheim 景观事务所设计的奥达市场（Odda Marketplace）既简单又简约，使用了不同色调的花岗岩带。细节设计对艺术效果至关重要。市场就像是一个将人物设置为动画的舞台，光和色彩被引入前景中。由市场向哈当厄尔峡湾眺望，峡湾在场景的后方以群山为背景（图 3-1-21），极具细节的花岗岩砌石工程十分有特点（图 3-1-22），带长椅的木板路，背靠能采集阳光的防风林（图 3-1-23）。奥达河流区包含一个位于镇中心的市场，它由花岗岩铺设，有一条木板路（图 3-1-24），这些共同构成了一处简单且效果不错的场所。码头市场（图 3-1-25）以前是一个停车场。

图 3-1-21　山脉环绕峡湾　　　　　图 3-1-22　花岗岩砌石

图 3-1-23　防风林　　　　　　　图 3-1-24　木板路

图 3-1-25　码头市场

第二节　现代景观建筑设计的方法

设计工作的表现方式对其进展及能否被客户接受影响极大，例如，好的绘图技术能帮助你更有效地向他人传达自己的观点。本小节我们将介绍能够帮助景观建筑设计师表现设计的一些手工作业和计算机技术，同时也将介绍一下数字数据处理如建筑信息模型（BIM）和地理信息系统（GIS），以及制图。最后，我们会浅谈报告的撰写，因为景观建筑设计也包含很多案头研究工作。

一、绘图和速写本

绘图在景观设计工作中是一项基本技能，一方面，它能够使你检验自己的想法、记录思路和观察结果，并继而发展它们，速写则迫使你多多观察从而加深理解。照片是一种与它们非常不同的记录形式，它可以是转瞬间的一个简单印象，不需要涉及分析（尽管对于记录而言摄影无疑也是至关重要的）。另一方面，如果你花费四五个小时画一棵苹果树，你就能深入地理解它的结构和特性。对学生和设计师而言，每天都画画速写——无论是为了长期研究还是为了进行快速视觉记录都是一个极其重要的训练。

速写本可以由一个博客和数字速写本来加以补充，这样的话，它就成为一种视觉日记。克里斯托弗·洛伊德（Christopher Lloyd）是 20 世纪杰出的花卉栽培者之一，他在杂志上发表记录自己思想的文章超过 40 年，这种实践丰富和发展了他的种植设计。博客是老式日记的一种现代版本。

速写本的作用至关重要，主要表现为以下几个方面。

A. 每日进行速写能够提升专业能力，它迫使你看得更多，速写作为一种灵感可以鼓励你发展设计思路。

B. 它按时间顺序排列的形式鼓励个人的发展，并给予你一种很好的职业方向感。

C. 它能使你试验和考虑替代方案。

D. 它帮助你澄清思路，帮助你与团队中其他设计师交流沟通。

E. 它可作为一个设计思想的宝库，虽不一定立即适用，但在未来可能会为其他项目带来灵感。

F. 速写补充或者包括了写作的内容。速写本可以被用于记录新植物名称、其所在地及关键词。

G. 最初的草图想法可以经常被用于正式的展示中，因为快速绘就的草图可以简单而强有力地传达出设计理念。

速写本可被用于技术上的试验、设计理念的决断以及直接观察的记录。同时速写本上的试验可以包括摄影、拼贴等。

二、三维建模和视频

设计后的景观是空间和形式的交响曲。在剧院设计、汽车设计，甚至是迪士尼主题乐园的布置中，三维模型都是基本的设计工具。最初的设计通过做模型来创作，由粗略到精确。以二维形式设计与实景差别较大，而三维模型更能让人直接体验，让人有一种身临其境的感觉。这种模型强调项目的雕塑特征，比如能够设计园林和景观的雕塑家野口勇（Isamu Noguchi）也能做出漂亮的模型。

和模型工作一样，电影也能进行三维探索，因此也可被用于景观建筑设计。时移摄影和实时摄影是在城市空间中追踪运动模式时最有价值的技术，这方面的能手也许要数威廉·H. 怀特（William H.Whyte），20 世纪 70 年代他在纽约的公共空间中使用影片来观察运动模式——他将之定义为"大众观察"（people watching）。

如今视频已被用于将制作实物模型与数字设计程序相结合，来作可变换的三维场所再现，这使开发效果的呈现成为可能。

对许多设计师来说，制作实物模型是探索空间概念的最佳方式。模型被用作开发工具和过程工具，以考验和证明设计意图。

同时，模型也被用来探索从早期概念到最终方案的尺度和细节。它们可采用各种材料制作。

三、摄影

摄影是建立调查记录的一种重要手段，特别是在关系到全景时，它能提供一份易于使用的关于场所的最新记录。摄影还可以通过数字处理产生前后对照的图像，这是使现有场所开发效果可视化的一个关键方面。Photoshop 软件经常被用于制作平面和剪辑展示材料，但 3D 数字设计为制作效果和令人信服的前后对照图像提供了更好的可能性。航空摄影作为历史性记录也很有用，其历史可以一直追溯到 20 世纪 20 年代。

有时一些详细资料的来源比较隐蔽。有建筑师在 1990 年第一次为莫斯科的项目工作时，就使用过德国陆军野战排于 20 世纪 30 年代制作的地图和街头摄影。

如图 3-2-1、图 3-2-2 所示，前后对照的照片显示了一个计划中的开发区道路环状路口的嵌入式设计。

图 3-2-1 莫斯科某街头（20 世纪 30 年代）

图 3-2-2 莫斯科某街头（1990 年）

四、数字化设计

数字化设计或者说计算机辅助设计（Computer-aided Design，CAD）是目前开发和建设行业所运用的标准绘图技术，在过去的 30 年间，它替代许多传统手绘表现技术，成为绘制简图、正交平面图、截面图、立面图、投影图（轴测和等距）以及透视图的首选方法。作为一种技术，计算机辅助设计非常高效，而且可编辑。

不过，为了更具创造性地使用数字工具及技术，人们必须首先理解绘图基础，并制定一个系统的设计过程。有许多使用不同种类软件的不同方式可以来完成同样的任务。其实许多软件是直接复制了手绘技术和流程，不过在项目的特定阶段使用手绘渲染和草图技巧通常还是更为快速与自然的。当然，将手绘技术和数字技术结合起来表现的方式也是可行的，它能给设计师提供更多的方法来创建非标准的表现形式。

设计工作通常遵循着这样一种模式，即最初使用二维布置图，然后，为了方案陈述，在 Photoshop 软件中渲染三维（3D）模型，但是其实数字设计能提供的内容远胜于此。三维设计具有它自身的独特价值，我们可以通过生成的动画序列，显示项目在昼夜和不同季节所具有的不同特质，来对三维设计模型加以充分探索。同样三维设计也可以被用于模拟在不同时间段，项目发展和建设的情况。对于设计而言，实体建模和动画软件（例如 3D Studio Max、Rhino、Maya 和 SketchUp）正变得越来越重要，这些程序是电脑游戏和特效产业的副产品，它们使快速表现设计思路成为可能。

那么对于景观设计专业而言，哪一种数字设计软件是首要的呢？可以选择的软件包括矢量化软件、栅格化软件、实体建模软件、视频和动画软件、矢量式和栅格式地理信息系统软件。真正的数字设计爱好者可以掌握以上所有程序，不过这可能会使他用于发展设计专长的时间变得很少。

1. 矢量化软件

截至目前，CAD 大概是被使用得最广泛的景观图形软件。AutoCAD 在此领域是市场的领导者，它最初起源于建筑绘图程序，后来在许多方向得到发展。针对管道设计师、电路设计师、结构工程师，该软件有特殊定制的补丁，对景观设计师也是同样如此。同时，它还有一个 GIS 补丁。

矢量图形是一个可缩放的格式，由通过数学计算得到的单个对象组成。矢量图可以很容易地调整大小而不损失图像品质，这使它们成为初始设计的理想格式。不过，矢量图往往具有人工痕迹，它们首先是基于点的，点连接成线条，所以在印刷中矢量图形被认为是线性的。使用矢量图形格式的软件包括 Adobe Illustrator（AI）、CorelDRAW（CDR）、Encapsulated PostScript（EPS）、Computer Graphics Metafile（CGM）、Windows Metafile（WMF）、Drawing Interchange Format（DXF）、AutoCAD，以及其他 CAD 软件和 Shockwave Flash（SWF）。

2. 栅格化软件

该软件是使用图像（例如航空照片、卫星照片和纹理贴图）和属性表的。在计算机图形学中，光栅图像，也称位图，是一种表示一般矩形像素或色点网格的数据结构。位图以不同格式的图像文件存储，依赖分辨率，与任何照片逐渐扩大时最终将模糊同理。因此，与矢量图不同，它们不能无品质损失的扩大。印刷厂将位图描述为连续的色调。

位图与显示在屏幕上的图像点对点地对应，通常形式相同。位图的技术特征由以像素为单位的图像宽度和高度，以及每个像素的比特数量决定。像素代表照片或图画的图像元素。

栅格化软件包括 Painter、Adobe Photoshop、MS Paint 和 GIMP 等。为了做照片编辑工作，景观设计师会使用 Photoshop 和 Photopaint 等软件。

3. 建筑信息模型

传统的建筑设计使用二维图形（平面图、立面图、截面图等），建筑信息模型（BIM）则超越了三维（宽度、高度和深度）——它还包括了地理信息、空间关系、阴影分析和材料可测量的数量和属性，这些成了一份"可共享知识资源"，或者说建筑或其他形式设施的虚拟模型，被允许在设计和施工阶段进行各种可能的测试——例如，使用 BIM 的土木工程版本，就很容易调整道路的垂直剖面，并继而探讨如何调整在成本、环境或道路安全等方面带来的相应影响。BIM 就是一种"智能虚拟信息模型"。

BIM 可以被应用在建筑设施的整个周期，从设计到施工，到操作使用，甚至到最终的拆除和回收利用。该系统由设计团队交付承包商和操作员或建筑设施经理。与 BIM 兼容的软件包括 ArchiCAD、Microstation 和 Vector Works。第一个 BIM 系统是 Graphisoft 公司在 1987 年推出的使用 ArchiCAD 软件的虚拟建筑（Virtual Building）系统。

在过去 30 年中，CAD 立足于生产数字版本的设计和施工图纸，已成为"图纸出产中心"（paper-centric），这些图纸以前都是通过手工绘制的。

4. 测绘、航空摄影、卫星图像和地理信息系统

地图对于权力至关重要，18 世纪技术领先的制图师是法国人，他们在路易十四时代的辉煌胜利中绘制了国家的领土。在英国，地图的全面测绘工作始于 1745 年詹姆斯二世党人的叛乱之后，首先绘制的是苏格兰高地的地图，此项工作促成了英国地形测量局（the British Ordnance Survey, OS）的设立，它的设立使地

图绘制活动先扩展至爱尔兰，然后又扩展到整个大英帝国。乔治·埃佛勒斯（George Everest）是印度大三角测量（Great Trigonometrical Survey，GTS）的负责人，他在 19 世纪 50 年代完成了该国的第一次三角测量，这是一个花费了半个世纪的巨大任务，包括构筑塔架和清理森林中影响视线的障碍物。

中国区域导航系统被命名为"北斗"，计划将在 2012 年以北斗 2 号（已改称为"指南针"）扩大覆盖至亚洲及太平洋地区，它将提供一项精确度 ±1.0m 的免费服务，以及一项需要获得许可的更精确的服务，它计划于 2020 年迈向全球。在 2012 年北斗 2 号运行了一项精确度为 ±25m 的免费服务，随着更多的卫星发射，这个精确度将会更高。

五、报告撰写

撰写报告，是景观建筑设计工作内容之一，是景观设计师必须掌握的技能。事实上，所有的设计专业人士都需要掌握此项技能。报告的目的是尽量简洁和清晰地将设计内容传达给客户，因此应该以一种适当的形式和分析型风格来写报告，报告内容包含简介、正文和结论，内容应该合理地加以组织及提出，并需要仔细校对。一份报告通常应该包括以下要素：

A. 简明介绍，描述报告的目的和内容，并说明该项设计是由谁在何时委托的；

B. 标题页；

C. 目录；

D. 缩写及词汇表；

E. 摘要；

F. 序言；

G. 正文；

H. 结论；

I. 行动建议；

J. 参考书目；

K. 附录。

陈述方式及风格很重要，为了取得较好的第一印象，请注意以下这些简单技巧：

A. 确保报告的各独立部分都很清楚；

B. 使用小标题；

C. 使用要点或编号点；

D. 为了易于说明以及版面效果，使用表格和图示（图形、插图、地图等）；

E. 给每一页编号，每一项也应编号，以便于查阅；

F. 使用协调和适当的格式；

G. 使用正式语言。

报告撰写则需要避免以下几种情况的出现：

A. 含有粗心、不准确、无关紧要或相互矛盾的数据；

B. 对事实和观点不做明确区分，将两者混淆；

C. 缺乏依据的结论和建议；

D. 粗心的陈述及核对；

E. 以否定观点开始陈述。

六、项目计划说明

作为一名景观设计师，你会发现自己经常需要说服其他人，例如开发商和出资人，以便他们提供资金使你能实现自己的梦想。这些说服工作，可能是参与项目委员会最初竞争性招标的部分内容，也可能是随后参加设计评审时的陈述，在进行社区参与和社区设计研讨会这类公共陈述时就更需要予以详述。你需要说服董事会、规划局和金融家，当然最重要的还是整个社区，要使他们能认可你的提议是最好的推进方案。这需要你有清晰和具有说服力的观点，以及向他们很好地传达这一观点的能力。能够站在委员会面前为你的设计清晰地辩护是一个很关键的技能，你必须具备能够令人信服的表达能力，此时你就不能只是简单地躲在漂亮的图纸后面了。

目前多数陈述是使用 PowerPoint 文件来演示的，这既有优势也有劣势，因为它可能会导致俗称"要点化"的情况。使用要点式陈述的问题是它们倾向于鼓励过度简单化和断言，削弱了论述和说明的成分。而一个很好的演示文稿的规划结构可以缩写为 PEE（Proposition，Explanation，Evidence：论点、论述、论据）。

在这里我们也使用要点式陈述来提供以下几条忠告：

A. 要显示全屏的图像，并确保它们确实表达出了一些内容；

B. 能使用一张图片说明问题时，就不要使用 5 张图片；

C. 使用口语式陈述来解释、扩展和强调显示在屏幕上的各个要点；

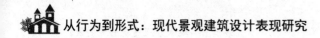

D. 不要仅仅是跟着屏幕阅读；

E. 要面对并看着你的听众，如果听众很多，试着捕捉分布于其中的五六个人的目光，这样如果他们听得昏昏欲睡的话，你就能很快注意到；

F. 不要讲得太快，要准备偶尔的停顿以造成戏剧效果；

G. 要练习声线投射——应该是说而非叫喊，有可能的话就使用麦克风（要确保在后方的听众也能听到）。

第四章　现代景观建筑的不同形式研究

本章对于现代景观建筑的不同形式进行了研究，对于河流建筑景观设计、园林建筑景观设计、纪念性景观建筑设计等进行了分析，并且对不同地区建筑景观设计进行赏析。

第一节　河流建筑景观设计的形式与发展

一、河流景观设计的概念

河流景观通常是与河、湖、海相连接的土地和空间。其可分为两个区域，一个是陆上空间，另一个是水域空间，两者共同组成河流景观空间。河流景观设计通常沿河岸分布，分为垂直空间和水平空间两个方向。河流源头方向流水至下游方向定义为垂直空间，从高到低，随着海拔的变化河流附近土地会出现多样化地貌，如湿地、沼泽等，拥有多样化的生物繁衍条件。而且在垂直方向上会形成高度差，河流景观设计也能形成重峦叠嶂的感觉，丰富了景观的形式。河流表面垂直于水流方向定义为水平空间，就是河流的横截面。横截面上可观察到生态驳岸、生态护堤、栈道等自然以及人工的河流景观设计痕迹。河流景观设计除了生态修复这一根本理念外，还强调人的参与性。社会大众需要绿地，亲水与自然交流的平台，而河流景观设计恰恰符合这一条件，把人体工程学和社会人文气息融合到自然环境中，打造生态与人文的结合，实现生态文明建设。

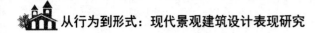

二、河流景观的特征

（一）在城市空间的参与性

水具有参与性，河流景观会根据水的流域变动而产生变化。通常河流景观会与城市市容市貌融为一体，具有独特的开放性和包容性，形成你中有我，我中有你的局面。一般河流景观的范围会从河道流域中间往四周扩散，呈放射状。而河道流域的河流景观也随之往城市空间延伸，参与到城市空间中来。往往城市空间中能让人眼前一亮的特点就是某个城市河流景观设计的节点项目，它能调节城市空间与自然环境的平衡点，通过河流景观设计能提升城市形象和品牌，二者互补，互相成就。

（二）在城市生态中的脆弱性

水域空间和陆上空间在河流景观中完美交集，它们背后所代表的是两个生态系统的多样化交融，即水域生态系统和陆上生态系统的多样化交融。众所周知，河流景观在环境中具有脆弱性，它体现在生物群落和无机环境上。生物群落就是在一定的自然空间中，所有的生物种群聚集在一起形成群落，一条河流里面的所有生物就是一个群落，一片草地里面的所有生物就是一个群落。通常生物群落里包含所有的动植物和看不见的微生物，而无机环境就是水、土壤、空气、阳光等因素，二者组合在一起形成生态系统的多样化。但是河流景观生态系统因为人对城市空间的不断开发而造成环境破坏和污染，河水因大量生活污水的无管理排放造成水质下降，水生生物和陆上生物因空气恶化、土壤能力下降造成大规模的灭绝，无一不暗示河流景观生态系统在城市生态中的脆弱性。就因为脆弱性的存在所以人们不能过度地以牺牲环境的代价而高速发展经济，应该恢复过去被毁坏的河流景观，提升其在城市中丰富和调节生态系统的作用，给社会带来正面和积极的影响，为大众打造干净整洁可供休闲娱乐的河流景观。

（三）在城市中的点线面组团延展性

河流景观设计以流域的各个节点分段组团形成。河流景观小品犹如众多的点，分散在整个流域里，就像一棵树的叶子一样，是大众具体活动的休闲场所。而众多的点即河流景观小品，把它们串联汇集成线，形成了整个流域的分支，像一棵树上的树冠一样，大众可以随之参观游览。众多的线，即部分河流景观小品融合成整体形成完整的河流景观设计项目，也就形成了面，作为整个流域的主体部分，像一棵树的树干一样，集合河流景观的所有。这样的点线面组团延展河流景观把人文精神和历史文化遗迹配合休闲娱乐融为一体，形成有特色的从小到大、从疏到密、从简到繁的河流景观设计。同时，河流景观设计还可以跨区域延展，成为城市与城市之间的绿色连廊。不同的地域风貌，不同的城市风貌，不同的人文气息都能通过城市之间的河流景观相连，从而达到共同发展，共建生态文明。

三、河流景观设计的功能特性

河流景观设计从过去到现在一直都在不断更新中，累积下来了丰厚的文化。为城市提升形象和品牌建设就必须注入新的动力，即河流景观设计。它能体现该城市的文化底蕴，促进城市化建设。

（一）创建提高地区知名度

优秀的河流景观设计能成为旅游的重要选项，成为特色旅游资源。河流景观具有包容性、开放性以及传播文化的功能，重组和改造河流景观使其提升活力和魅力。把河流景观打造成景区吸引游人，使河流景观与其他公共空间和设施完美结合，提升河流景观层次和等级，使河流景观拥有一定的文化内涵，优化城市的河流景观旅游资源。

（二）发扬展现地方特色文化

河流景观可以与当地的特色文化相结合，融入大量的当地景观元素如景观材料方面，叙事性故事等，这样有利于文化的宣传和发展。景观材料方面的选定尽量用当地的材料，既节省经济开支又带有一定的情感在其中，突出其独特性，使大众能识别出并且记住河流景观从而加深了城市记忆。

（三）弘扬历史文化的传承

河流景观应当与城市过去的历史传承紧紧相连。通过河流景观能感受出该城市的深厚文化底蕴，把城市中的历史遗迹和历史故事结合起来，丰富河流景观文化内涵使其能够源远流长。优秀的河流景观设计要承担起该城市的文化承载作用，把过去的有代表性的历史事件、当地民风民俗、文化信仰合为一体，成为一个会讲故事的河流景观。更新河流景观建设的同时也要注重历史痕迹的修复和保护，不能破坏历史痕迹，而应当把河流景观与历史文化完美融合，共同推进城市未来发展。

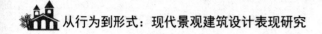

（四）加强场所认知和情感认同

一个城市最关键的是能否留住人，而人在面对巨大的城市混凝土建筑时会产生畏惧感，因为缺乏温馨、感性和自然的感受，难以停留下来。当城市中突然出现一个全新充满活力的河流景观时，人们会选择停留和倾听，感受城市中难得的一片安逸。人们喜欢自然环境的舒适和恬静，所以河流景观设计要满足人们的感情需求，承载人们的感情交流。

（五）提升社会群众审美

即认识美，欣赏美，传承美。审美需要长时间的积累和认知，如何提升鉴别事物的美，需要人们去共同努力。但是每个人欣赏美的水平参差不齐，不同的年龄段会有不同的角度去欣赏。所以，设计河流景观时应尽量满足大众审美需求，每个人都喜欢的河流景观才是真正的河流景观。

四、河流景观设计现存的问题

（一）生态观念与景观观念相互对立

古代的人们生活在青山绿水的怀抱中，空气清新，水质标准，土壤质量好，而现代城市的高速开发使人们很难再欣赏到这么优质的自然生态环境。人们过度地干预生态，人工化景观、修坝发电等无一例外都在影响着自然生态环境。多数河道被混凝土硬化，生物赖以生存的泥土没有了，道路修建侵蚀河道，生活污水未经处理排放，水质进一步恶化。景观环境消失殆尽，生态功能的毁灭性破坏，人们也失去了良好的自然生态。

（二）整体规划体系的欠缺

我国河流景观目前有三大难题，即规划法则体系缺失，规划行政体系不作为，规划运作体系怠慢。这说明了我国的景观规划体系不成熟还有待提高，应适应城市的不断更新改造。规划体系应建立一整套标准制定制度，把以人为本放在首位，做出满足大众需求的河流景观设计，同时应当提升城市形象建设。河流景观设计应带有后期评价制度，不断跟进河流景观设计是否真正做到以人为本，把长期调查持续下去有利于往后的河流景观设计做得更好更接近实际。

（三）地域特色文化引入欠缺

每个城市都有自己的历史故事、文化传承和杰出人物，应当把这些优秀的条件融入河流景观当中去。可以保留历史文物，可以建设新的构筑物，更重要的是把当地的特色保存下来，传承到未来中去。

五、河流建筑景观的设计方法

（一）设计程序

景观设计的基本流程为条件的汇集→设计目标的确定→详细调查→设计工作→综合研究。各环节的要点如下：

1. 条件的汇集

首先必须确认各种前提制约条件，如上一级规划、相关的流域规划、受影响的下一级规划和用地、防洪制约条件及其制约程度、沿河的开发状况和选址条件等。

2. 设计目标的确定

在前提条件的汇集过程中，已可大体上确定该地区的设计目标范围。空间是否宽余和周围的环境条件等都是很强的制约条件，限制了设计目标的展开。如果制约条件过于苛刻，那就要对所掌握的条件重新加以研究，或者不再考虑景观目标。

3. 详细调查

根据分区规划过程中调查的内容，还要进行设计所需的河流和沿河情况的详细调查。虽然调查的项目因现场的情况而大不相同，但大体上是按分区规划时的项目开展调查的。例如：利用者是谁、利用现状怎样、将来准备怎样利用；在现有的树木和护岸等设施中哪些是重要的；河流场地的边界及场地收购的必要性和可能性；沿河居民的想法；沿河建筑的改造、道路规划、土地分区改造的可行性；作为水位变化，洪水时的流量和平时的流量等。由于正常时的数据现实中大多没有，所以有时需要当场做简单的检测。此外，观察护岸的污染情况和河床的地质情况以及水边植物和生物，都要在平时流量下进行。

4. 设计工作

设计工作包括"备用方案的编制"和"景观预测及设计评价"。常常需要在设计中自问自答这样行不行，关键就是要能够想象出设计图上所描绘的东西在完成之后的具体样子。通常情况下应该是一面设计一面想象，图纸上的线条在地上立起来后如何去观察。作为设计文件之一画出效果图是非常重要的（模型、模型照片、透视图、蒙太奇照片等）。相对于备用方案的编制、推敲、归纳等设计工作来说，对其预测和评价的工作需要同时进行。在选择确定可行性好的两三种方

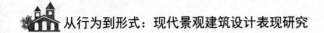

案的同时进行设计，设计的过程就是这样一系列的工作。但未必一定按方案编制、预测、评价这样的顺序进行设计，如果设计取决于评价时，也可以反过来进行，这样能更好做一些。

5. 综合研究

设计行为虽然是这样一系列的工作，但这些不同的工作实际是同时进行的。一边做现场调查，一边构思方案并测评其可行性。在确定设计目标的同时也在构思具体的设计方案，并推敲有没有脱离前提和制约条件，有没有附加的条件等，即这是几种反复评估同时进行的工作。

（二）设计目标

在设计过程中确定设计目标是很重要的一环，尤其要注意如下几点：

首先，最基本的一条是以河流为中心确定目标。在河流的周围，城市环境和自然环境不同，即使是相同城市，也因所处位置不同而不同。河流也是如此，上、中、下游的流况也有很大差异。从利用的角度看，临河居民的利用和远河居民的利用、节假日高频率利用和平时的低频率利用、早晚和白天的差异等，情况各不相同。

其次，要考虑到公园和河流的不同，广场、街道和河流的不同。所谓像一条河流的样子，并不仅指水滨风光。从选址、利用、存在价值方面，想把河流改变成其他作为河流景观的设计目标要满足如下的要求：

1. 实用性强

对社会的基础设施进行治理，如防洪设施、水工设施、城市基础设施（桥梁、供电线、水道管）等。

2. 亲水性、自然环境保护

亲水性指容易接近水滨的性能，如接近水边的可能性、沿河通行的可能性。生态体系的保护原则在于使之能成为自然河流风貌，为此必备的基本条件包括水质保护、确保水量的措施等。

3. 保留地区、河流固有的风格

各个地区、城市、河流都有本身的风格、和地区的文化相关形成的河流特性、沿河土地利用等地区的固有风格。

4. 有效利用水面空间营造精湛、统一的景观

河流的最大特点是有连续的水面，根据城市的、自然的沿河状况来利用它。同时，有效地利用常见的石材等区域性材料，做出长期的、有价值、有韵味的设

计方案，使包括河流在内的沿河建筑物和流域景观得以实现精湛的统一。

（三）生态修复理念下的河流景观设计策略

1. 水体修复的方法

（1）改善河水质量，控制污染

河水治理是河流景观的重要环节，河流景观设计的成功一定离不开优质的河水。河水质量好可以提高河流景观的环境承载力，能服务更多的人群，动植物能拥有更安全和健康的生态栖息地，形成可持续发展的良性循环。所以，改造水污染，净化清洁水体变得尤为重要。河流景观设计应当把净化清洁水体摆在第一位，通过河水自然环境的升级来提升整体生态质量，对完善河流景观建设具有卓越意义。图 4-1-1 展示的是蒲河污染现状。

图 4-1-1　蒲河污染现状

以下三种情况的水体环境是最糟糕的：一是水体气味明显刺鼻，水体混浊不清；二是河流没有微生物和动物；三是水体有看不见的重金属污染。所以，在设计河流景观时要充分彻底地治理水体污染，把水质保护放在首位，正确处理附近的工厂排放问题，建立污水处理厂和新的排污标准，对河流的自然地貌和景观都加以严格保护，对污水处理方面提出零容忍，绝对不许乱排乱放。

（2）恢复河流景观的自然环境

河流景观设计通常受河流流动的形态影响，因为受自然地形条件的影响和地转偏向力的作用，河流会呈现出弯弯曲曲的 S 形姿态，即九曲十八弯，犹如婀娜多姿的少女一般。由于现代城市对河流的改造大多截弯取直，致使河流水流流速加快，微生物和沉积物难以沉淀，影响了生物多样性发展；而且人工对河流的改造还经常采取硬化的方式，进而导致汛期来临时对下游造成巨大的洪水预防压力。所以，自然化河道应该建立标准。第一，自然化河道必须拥有沙地、淤泥、沙洲和弯曲的河道，它们的存在为所有生物都提供了优质的繁衍基础和条件，也形成了生物迁徙的通道，这些都是十分珍贵的自然环境基础。第二，丰富的动植物符合美学价值，河道里水生植物丰盛，植物自然错落生长，相对于整齐划一的人工种植，人们更喜欢也更愿意欣赏。第三，防洪需求，防洪需要自然的河道的蜿蜒，这样能减缓水流速度，增加河道流域面积，调节流域的气候。河道盲目的取直会影响到周围环境，导致原有被截取出多余弯曲的河道逐渐淤塞消亡。我们要做的是全面恢复河道的自然性，尽可能让自然环境通过自身调节来实现自我净化，达到最终自理。

（3）水生态修复技术

第一，水底森林生态系统。沉水植物，是指植物的根、茎、叶子全部在水下生长，它们是固定在河床水底下的大型水生植物。植物表面光滑，能直接从水体中过滤和吸收营养物质，植物组织通气系统完好，能从水中直接分解氧气。植物的形状一般是带状或丝状，在微光下也能成长发育，叶子较小，花期短，以观赏为主。沉水植物能生存的水域代表着该水域水质清洁，因为沉水植物能大量清洁水体，能稳定维护水体质量，是生态修复中必不可少的植物。

第二，水生植物的生态修复技术。水生植物是通过自身组织的过滤系统把污水中的各种有毒有害物质彻底净化，甚至可以把部分有毒有害物质转化为自身所需的营养成分。而且水生植物拥有共生系统，是许多微生物，即细菌、真菌等，赖以生存的寄居场所，它们通过自身的通气组织输送氧气，然后帮助喜氧生物发育生长降低河流的污染源。其中，金鱼藻科的沉水植物和水鳖科的沉水植物表现最为突出。

金鱼藻科的沉水植物通常在黑藻、眼子菜、狐尾藻等植物群落中生长，它们喜阴暗、潮湿的环境。因此，此类植物多生长于湖泊、池塘和水沟，并且要求水流缓慢绵长，在这样环境里生长的沉水植物，全部的茎叶都可用作饲料。可惜的是，由于生态环境严重被破坏，我们现在所见的金鱼藻科植物都是人工栽培而成。

水鳖科的沉水植物属于常年的沉水草本植物，这类沉水植物，在营养体方面有很强的分支能力，在茎秆上的任意高度的茎节，都可以随时生长出分支或不定的根茎，当需要繁殖的时候，枝节会断裂。因此，枝节断裂可以作为水鳖科沉水植物的繁殖标志。

沉水植物是植物中的一大分类，种类远远不止上述所说的金鱼藻科和水鳖科，更多的沉水植物有待开发。因为沉水植物能为清洁河水做出突出贡献，大大节省了人力、物力和财力，所以用自然的力量去治理自然环境是最好的处理办法。

第三，超级生物基网。微生物很特别，具有消灭净化污水的强大作用，无数的微生物专门漂浮在水体表面，形成一张巨大的网，把污水中的有机物全部吞噬。生物基同水底森林的水生生物共同发力，二者力量合二为一，形成最强的净化系统，完成治理污水的目标计划。生物基能把沉积在河床底部、植物表面和漂浮水中的微生物汇集在一起。这种方式有利于有益微生物的生存和发展，这些有益微生物又会选择性地从水中获取营养物质，达到降解有毒有害物质的目的。生物基和水生生物两者形成良性循环，使自然生态长期处于高质量的自我维护状态。

第四，水生动物控藻技术。水生生物即鱼类和滤食性动物，可以通过水生动物去控制藻类植物的过分失控繁殖。通过食物链的关系把它们串联起来，这样会形成一个闭环，防止水体微生物过多，有利于清理水生藻类灾害，完成生态互补。

2. 植物的生态修复和设计

（1）生态理念下湿地植被修复

第一，动物食物链修复。大多数水生动物的食物都是湿地植物，刨除人工饲料。各种藻类植物，是鸟类的食物，因为人们对环境的过度开发，导致环境恶化从而使湿地植物被大规模的破坏。因为湿地植物的短缺，所以对鸟类和鹤类的生存环境造成了一定的挑战。现在我们需要的是通过人工补救的方式对湿地植物进行种植，维护生态平衡，维护食物链的完整。

第二，湿地生态驳岸修复。湿地驳岸是水生生态系统和陆上生态系统的中间地带。湿地驳岸能通过土壤对雨水进行过滤，然后集中流到湿地驳岸。水是万物之源，由于大量水资源的汇集，因此湿地驳岸就能繁衍大量生物，有利于生物多样化的发展。目前很多河流的两岸被混凝土硬化，这对湿地驳岸造成巨大影响，致其失去了土壤过滤的能力。所以，驳岸建设要生态化，避免过度硬化。

第三，农业化肥污染的治理。农田生产经常性使用化肥和农药，而这些化学物质会对植物产生极大的危害，容易造成湿地的水土流失。通过减少化肥和农药的使用，再增加树木的数量，稳固土壤，减轻农田对河流用水的过度索取造成的水土流失。

第四，生物多样性修复。处理生物多样性修复可从以下几点入手：一是增加湿地的物种，大量引入湿地植物，丰富生物的种类，提升生态平衡性。二是为鸟类和鹤类提供优质的居住环境，在湿地附近种植大型植物如芦苇等，鸟类在喜好的居住环境中能稳定下来。三是湿地植物景观要考虑冬季的景观效果，使景观效果常绿化。四是驳岸的有效建设，种植大量的湿地植物，如水杉等，有利于防止洪水侵蚀，保护岸边的水土。

（2）生态理念下景观林带重建

首先，要说的是湿地植物的选择原则。关于湿地景观林带的重建可以多考虑本地区的植物配置。景观林带用本地区的植物能更容易存活，而且价格低廉，本地区群众也喜闻乐见。植物选择面广，也可以种植外来植物，但是要选择正确，不然会对本地区物种造成生态威胁；若是种植昂贵植物则要慎重，尽量保护好植物物种的健康成长。植被最好四季常绿，即使冬天到来也能看见不一样的景观，需要在植物搭配时多注重比例分配，丰富植物物种。重建的景观林植物应该涵盖众多科属种，种类要有配比规律，不能随意种植。蒲河流域中的禾本科有7属8种、菊科5属7种和蔷薇科4属5种，木樨科3属6种。接着是蓼科3属3种，杨柳科3属5种。单子叶植物36种，占58.3%；双子叶植物有20种，占30.5%，被子植物27科45属56种，裸子植物有4种。其中占总种数最多的前三科分别是：乔木科占总种数的15%，蔷薇科占总种数的10%，菊科占总种数的9%。

其次，要分析不同类型植被的配置，具体如下：

一是浅滩湿地的植物配置。浅滩湿地的植物多是为动物提供栖息地，能改善过滤水质，减轻河水对河岸的侵蚀。通常种植黄花鸢尾、芦苇、千屈菜、荻等。

二是天然草丛的植物配置。天然草丛的植物多是净化水质，保持水土。草本以多年生草本为主，一年生草本、一二年生草本为辅。多适用于麦冬、天人菊、狼尾草等。

三是池塘、湖泊的植被配置。有沉水植物、浮水植物和挺水植物这三种分类。一般，沉水植物以金鱼藻、伊乐藻、马来眼子菜等为主，浮水植物多为水葫芦、浮莲、满江红等，挺水植物大多是芦苇、香蒲、慈姑等。大量的不同种类的水生植物共同组成了丰富的水生态环境。

四是河滨灌丛的植物配置。河滨灌丛的植物可有效地增加生物多样性，减弱噪声以及为鸟类提供食物和居住环境。可种植海棠、粉花绣线菊、桃树、风箱果、木芙蓉、连翘、刺柏等。

五是人工再生林。人工再生林的作用是涵养水源，净化清新空气，调节气候。一般种植油松、银杏、垂柳、白桦、栾树、火炬树、榆树等。

六是植物分类。草本植物占的种数比较多，为55.36%，共有31种；木本植物占的种数比较少，为44.64%，共有25种。乔木、灌木、草本的比例是

15：10：31。

　　七是驳岸植被的配置。坡比小于 1.5 时，坡度很陡，乔、灌不能生长，植物种植以大面积草坪、草花地被为主。坡比为 1.5—2.5 时，坡度较陡，大乔木生长受限制，可点植较小乔木用来点景，植物选择以灌木和草本为主。坡比为 2.5—3 时，可栽植花灌木，部分乔木和小乔也可考虑片植。坡比大于 3 时，植物栽植不受坡度影响，栽植规格较小即可。

　　3. 生态型驳岸与人工型驳岸修复和设计

　　建立在水体生态及安全措施的归因之上，河流是需要进一步的推进和发展的，那么恢复河道总体生物栖息功能是必要的。可持续发展的第一要义便是建立一条生物链上的连理共生关系。其中包含了提供鱼虾鸟类生长的有着丰富营养的河道。通过进一步的推研和实践，我们也归纳出了一系列关于维护河流生态平衡及生物栖息地的方法。一是柔化岸线，以阶梯台阶、石笼、种植驳岸等方式建设驳岸。河流生态体系中最有效率的方法便是尽其所能地柔化岸线，通过一系列越发成熟的技术来进行形态上的柔化，如建立梯级台阶、石笼、种植驳岸等。二是设置集中与分散型滨水湿地，培育生境。在柔化驳岸的治理策略之上，有目的地规划出集中与分散型的湿地，可以治理净化雨污、良好的培育生态系统以及对创造生态景观有极大的裨益效果。三是建设生态边沟，截留并净化建筑与道路雨污。对水体环境的破坏不是一朝一夕的，水体的污染和人为的活动有密切的联系。这种活动中产生的雨污并没有进行有效的处理和净化，所以才导致了一系列的影响。（图4-1-2）

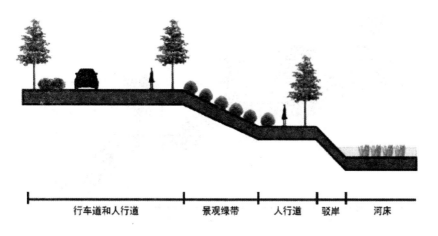

| 行车道和人行道 | 景观绿带 | 人行道 | 驳岸 | 河床 |

图 4-1-2　人工型驳岸现状

（1）生态型驳岸修复和设计

以沈阳市蒲河生态型驳岸为例，蒲河内城区段归属于单一的有着垂直式硬质驳岸，该城区缺乏一定的亲水性。为治理这些问题，进行了一系列的研究和探索。

一是河岸线形态的修复。河岸线的形态需要维护和保持，这些观点的实践将会有助于缓解河流水体的流速问题及预防一系列的洪涝灾害，维护河流生态体系的和谐和稳定。河岸线的修复工作需要考虑其方方面面，如地质、水文、附近用地红线、河流景观带情况等多重因素，也应该针对不同的问题进行逐一的有针对性的研究。

二是打造生态驳岸设计。生态驳岸是河流景观带常用的处理方式，它的作用不言而喻，河流的水位线需要进行弹性的调节方式，在此基础上也需要保证自然生态的平衡性以及河岸线流向走势的合理性。生态驳岸的功能是多种多样的，例如，满足人类栖息游玩休闲的场地需求，人文景观及文化的建设，多种景观相互协调中的平衡尺度以及一系列接洽的可能性也是需要涉及的因素。

另外，可以将部分状况良好的现有硬质驳岸进行改造，这种方式的实践有助于节约施工成本和人力、物力的损耗。具体的方案落实旨在与采用具有攀缘性质的植物类别并依附于立体绿化，将驳岸衍生为垂直绿化。这样的方式有助于进一步达到我们预估的最佳效果。与此同时，也可以增加临水一面的植物种类及品种上的多样性，这样可以在一定程度上提升我们对于视觉审美上的要求。此外，也可以采取分期分段式的方案，结合相关的规划策略或者改造方案对自然型生态驳岸进行进一步的深化研究。（图4-1-3）

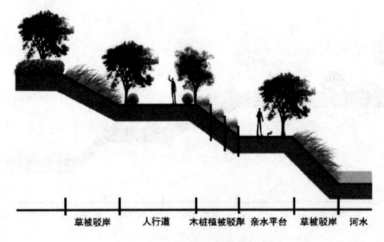

草被驳岸　　人行道　　木桩植被驳岸　亲水平台　　草被驳岸　　河水

图 4-1-3　自然型生态驳岸的改造

自然型生态驳岸易于保护河道堤岸，目的是还原最原始的生态样貌，通常的方式是在土层的上方铺上接洽的卵石或者一定量的种植草皮等。利用绿植的根茎来稳固堤岸，在绿植的筛选过程中需要多种植柳树、芦苇等水生植物，可以保护河堤的完整性并且可以预防被洪水侵蚀。生态因素有一定的不稳定性，不一定十分适合沈北新区蒲河内城区段内的硬质驳岸的情况，但可以通过两种方式结合的方法来提升生态驳岸的自然程度。天然的木材、石材可以通过与植被结合的方式进行护底，根据这种方式来满足土壤自然的生态条件。

（2）人工型驳岸修复和设计

人工自然型生态驳岸虽然是两种驳岸形式中人工化痕迹最重的一种，但是防洪能力也是必要的考虑因素。这种非自然型的驳岸功能还是很全面的，可以满足以上的要求。其不仅需要具备生态环保的功能，同时也需要达到景观旅游等功能，也需要一定的抗洪能力。所以，这种方式的试用是有一定的条件的，比如要求流量大、冲刷力强的城市河道。（图4-1-4）

图4-1-4　人工自然型生态驳岸

4. 生物栖息地的保护与重建

生物栖息地的保护要从调查动物种类和习性开始分析，总结每种动物的生活规律以及建立数据库用于观察和指导具体操作。保护整治蒲河岸边多种乔木、灌木及草本植物的自然演替，增加河道两侧乔木、灌木、草本的种植，以形成错落有致的影壁绿篱，减少车辆对动植物环境的干扰。控制周边水污染，保护动植物生命之源——水。

在蒲河河流景观生态系统中，鸟类群落的保护是重中之重。东北地区是我国候鸟迁徙路线的主干线，蒲河是大量候鸟停歇的重要驿站。每年候鸟众多，有灰雁、绿头鸭、大天鹅等。鸟类资源非常丰富，鸟类有 100 种，隶属 12 目 27 科，非雀形目鸟类 86 种，尤以鹭科、鸭科的鸟类最多。鹭科和鸭科对巢穴、食物和栖息等场所的要求较高，生物栖息地在植物配置上应主动考虑鸟类习性的需要，满足鸟类的隐蔽性，提供丰富的食物和安全的自然环境。

在湿地公园保护与恢复中，水质好坏的标准决定鱼类群落是否丰富，鱼类群落越多说明水质越好。保护鱼类群落要增加鱼苗的投放，增加鱼苗的种类以及控制捕捞强度，同时加强对鱼类繁殖生境的营造。在鱼类繁殖生境的营造上结合水域的连通性，加强蒲河流域的鱼类群落恢复。两栖类动物喜欢生活在水塘、沟渠中，因此将结合湿地公园内的现状生态环境类型，对林地、滩涂等区域进行增设新水道和水体等措施，丰富水生植物群落的种类，构建浅水、缓流、隐蔽的生境，让两栖动物有高质量的栖息地环境，两栖动物的数量自然就能达到稳定提升。

（四）设计实例

1.青岛市李村河的参与性景观设计

（1）李村河概况

李村河流经青岛市，贯穿整个李沧区，最后汇入胶州湾，其全长 17 公里，有52 平方公里的流域面积，是青岛市区主要的防洪排涝通道之一。然而这条河流在20 世纪 80 年代受到了污染，河流沿岸的化工厂和木制厂的废水等均排入此河，还往河里倾倒生活垃圾，河水变为污水，臭气熏天。垃圾的倾倒导致了河床不断抬高，到了汛期，就会有洪水险情。同时，百年历史的大集在中游河堤占了 3 公里，使污水治理更加困难。

青岛市为了保护环境，发展旅游，提高人民的生活水平，从 2009 年开始，这条河的治理成为青岛市和李沧区的重要工程，开始了对李村河的彻底改造治理。于是，经过 8 年的治理，李村河彻底改变了容貌，变成了绿色的美丽公园，河水清澈、岸边杨柳低垂、景色宜人美不胜收。李村河的治理工程被评为"中国人居环境范例奖"。

（2）李村河总体规划

李村河上游有很多的旧村分布，且截污管网系统并不完善，所以雨污混流现象非常明显；中游李村大集产生的各种垃圾，对河道造成了严重的污染；下游沿线村落和工厂企业比较多，人们随意倾倒污水，导致水质污染严重。因而，对李村河的改造采用了分段治理的方式。

在治理规划中，重点打造生态自然景观的同时还要使其有亲水性。为了满足泄洪处的功能，把自然湿地和河道蓄水相结合进行开发设计，而且还根据滨河区的城市规划与交通脉络规划了很多特色的景观区域，包括周边停车场和无障碍设备通道。李村河在开发过程中对上游、中游和下游的功能定位是各不相同的，上游改造的主要目标是通过展现文化产业，为居民提供休闲放松的景观长廊；中游的目标是通过改造脏乱差的李村大集，为市民提供一个适合购物、餐饮和娱乐的地方；下游的目标是建设开发河岸景观，完善基础设施，从而形成一条优美的河滨风景带，作为休闲旅游之用，呈现出一种特别的场所精神。

李村河上游景观（图4-1-5）在改造过程中强化了治水功能，采用临时过水设计理念，以拓宽河道、深挖清淤、砌筑水坝等形式，提高河道防洪标准，增强河道蓄水能力，做到旱季蓄水充足、汛期行洪通畅。突出了环境提升功能，引入"园中园"的设计理念及城市"绿道"的设计手法，突出生态化、自然化、精细化，有效改善河道周边生态环境，提升了城市景观水平和人水亲和功能。强调人性化设计，打造一条功能明确、环境优美、人与自然和谐相处的滨水景观长廊。

（a）　　　　　　　　　　（b）

图 4-1-5　李村河上游景观

如图4-1-6所示，是李村河中游整治后的景观。在整体改造规划的统一要求下，结合河道泄洪的功能，坚持走可持续发展的道路，根据中游的具体情况，建成以水波、水印和水韵为主题的优美城市环境。同时，通过各种工程，如水利工程、景观工程、亮化工程及排水工程的建设，为城市增加了人文景观，形成了生态环保的城市景观；结合雨洪利用系统、生物栖息地系统等，实现了绿色生态的调节功能。把李村河中游建成了以休闲和健康、生态和绿色为主题的滨河长廊。

（a） （b）

图 4-1-6 李村河中游景观

　　针对李村河下游植被覆盖率低，整体长势不佳，无完整绿带、生态环境较差的情况，下游景观（图4-1-7）治理工程以"都市水岸、绿韵岛城"为设计主题，秉承"自然生态、城市生态、人文生态"的设计理念，结合沿线现状进行河道景观建设，同步植树增绿和绿化修复，营造高标准的滨河景观廊道。在把沿河绿带建设成生态廊道的基础上，根据所处的位置和功能不同，由水系将各景观节点串联起来，建设休闲设施，为市民提供休闲娱乐空间。

（a） （b）

图 4-1-7 李村河下游景观

2. 首尔 Chon Gae 运河公园

（1）项目介绍

Chon Gae 运河工程项目大约有 6.4 公里长，是典型的城市绿色河流长廊。它的起点位于城市核心地段，是城市的中央商务区所在地。该项目甲方对设计方案的要求是注入朝鲜和韩国元素，通过两个街区公园表达朝鲜和韩国两个国家在未来能实现统一的美好期望。在生态修复理念下设计巧妙地把步行道和运河结合在一起，把人们都引流到了河流景观中的步行街去，达到了休闲、娱乐、观光的目的，是世界上出色的河流景观设计案例。（图4-1-8）

图4-1-8　景观亲水台阶

（2）总体规划

项目更新促进了城市文化发展，更新了城市景观，修复了生态环境以及提升了附近群众的生活质量。Chon Gae 运河在城市化发展下受到严重污染，水质极度恶化，且没有引起人们的关注，慢慢地运河就失去了价值，没有了自我修复的能力，成为城市不干净的角落。所以，规划的第一步是重新建立 Chon Gae 河的生态系统，禁止污水流入运河，开发和开放运河景观的功能多样性，以人为本，使人们参与到运河河流景观中，提升城市面貌。（图4-1-9）

图4-1-9　运河河流景观

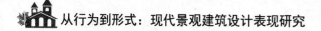

（3）借鉴之处

一是巧妙的亲水设计。运河水位的变化会影响景观的效果，在不同时期下会有不同的视觉体验。在枯水期时，步行道台阶会裸露出水面，人们可以行走在上面，此刻台阶成为亲水平台。在丰水期时，河水平面会升高，形成别致的水景。一年四季河流的景观都会随河流水位的变化而改变。Chon Gae 运河对河流景观设计的生态修复改造起到了突出的示范作用，给人们提供了更多思考的余地。（图 4-1-10）

图 4-1-10　Chon Gae 运河设计方案

二是构建城市品牌。生态环境修复的同时，运河也成为城市的公共开发空间。水质的提升，吸引了人们前来运河参观休闲娱乐。而运河也成为举行大型活动的场所，可以举办集会、庙会和音乐会等，功能性加强，社会价值得到提升，也得到了人们的广泛认可。

第二节　园林建筑景观设计的形式与发展

一、中外园林景观设计的历史发展

魏晋南北朝时期是中国历史上一个文化发展的重要时期，在此时期形成了文化繁荣的盛景，与此同时园林建造上的成就也十分突出。这一时期园林建造主要由园林的归属者来决定园林的属性，其主要分为皇家园林、私家园林、佛教园林这三种属性。由于魏晋南北朝时期文人画家参与到造园当中，以至于这一时期的皇家园林在设计和风格上都经历了很大的转变，与秦汉时期的皇家园林设计建造风格形成了鲜明的区别。虽然魏晋南北朝时期的造园作品现在已经无法得见，但是这一时期的造园意境和手法深远影响着后世造园设计的理念。魏晋南北朝时期的园林设计风格，首先具有鲜明的设计特点，园林设计不再追求恢宏大气规模，而是更加提倡清新、秀雅、小而美的整体性美感。其次，园林设计本身更加注重对于自然环境、自然场景的还原。园林设计的规则主要注重对于整体关系、气氛的营造，而不是对于具体场景打造的规则，造园所提倡的是营造出富有托物明志的景观。这一时期的造园设计风格与当初的文化思潮有着很大的关系，当时的文人普遍追求在世的修身养性，成为对于老庄思想最好的脚注。

清朝时期是我国园林发展史上的另一个极其重要的阶段，是我国园林发展成熟的鼎盛时期，并且这一时期的经典案例迄今为止仍可见到。明清时期的园林设计逐渐趋于完善，并且功能性完整，这一时期园林建造的功能性可以称为中国历史之最，例如，清朝时期的皇家园林颐和园的设计即包含了皇家帝王日常的所有活动需求。在设计建造形式上较为丰富，不仅涵盖了江南园林的小巧别致，同时也具有北方园林所独具的宏伟气魄。园林文化的不断发展，每个地域也体现出了不同的特点形式，园林设计的艺术性，建造手法的升级让园林建筑中的许多建筑构件得以从承重当中解脱出来，以更加自由、艺术的方式进行设计表达。故而在这一时期，清朝著名园林建造著作《园林》，是截至目前中国历史上对于园林设计营造最为权威、全面的著作书籍。该书对于当时的园林建造工艺、设计理念进行了一个较为全面的记录，此书籍的问世对于当时以及后世的园林设计建造都起到了指导作用，也形成了关于园林设计最早且最全面的理论体系。

在西方国家，园林景观的设计与营造也受到了传统文化的影响。16世纪的欧洲正处在文艺复兴的重要时期，这一时期的艺术发展不仅停留在绘画、音乐、文学上，同时在建筑设计层面也有很大的发展和提升。由于文艺复兴时期人文艺术的广泛发展，人们开始注重人性和感受，在人居环境的设计上设计者也开始关注环境的使用者在使用过程中的心理感受。这一时期的作品包括教堂、广场以及城市规划都在朝着这一趋势发展，同时建筑设计规划也已经逐渐脱离了宗教文化的制约和印象，开始朝着使用者自身需求的角度发展，多数设计用于反映身体尺度上的美感。

回顾中外传统文化的发展中，可以发现对于景观设计而言传统文化都起到了重要的影响作用，并且在不同的时代背景、地域影响之下，景观建筑设计的结果也不尽相同。景观建筑设计都与当地的文化传统和地域文化相关，并且景观和建筑也是对于文化特征的一种反映，文化繁荣时期通常伴随着卓越的景观设计成就。

在今天，中国经济文化飞速发展的时期，中国景观设计也迎来了重要的发展阶段，设计师应当建立独属中国传统文化的景观设计策略。除了对于物质技术层面的研究和发展之外，还应当从文化发展角度入手，对于文化领域的意识提升予以重视。中国在过去几千年的发展历程中，文化成就在世界范围内都相当卓越，因此我们更应该对于如何将中国传统文化应用到当代的景观设计当中进行研究和思考，从而获得这一时代背景下的文化认同。真正适合中国的景观设计必然是具有中国传统文化认同的，只有这样才能建造出符合中国文化特色的场所，通过这种方式达到有机的城市更新，让城市和国家体现出中国传统文化视角下的崭新面貌。

二、风景园林学在现代的发展

风景园林学是一门古老而年轻的学科，在我国有着悠久的历史。自 20 世纪 50 年代风景园林学科在清华大学与北京林业大学联合创办以来，由小到大，由弱变强，风风雨雨走过了近 70 年的历程。在风景园林前辈艰苦卓绝的努力下，"风景园林学"于 2011 年被教育部确立为一级学科，这使风景园林知识、技术和思想的研究变得专业化、系统化。20 世纪 80 年代以前，风景园林学一直作为林学、建筑学、城乡规划的配角存在，其主要研究领域和实践对象以造园。城市公园及城市绿地为主。改革开放以后，城市化进程加快，风景园林学科迎来了第一次发展机遇，城市公共开放空间纳入了风景园林的实践范畴，如城市滨河带、步行街、广场、绿道等；传统的自然保护地也出现多层次、多维度的发展趋势，如国家风景名胜区、国家公园、国家自然保护区、国家森林公园、国家地质公园、国家湿地公园等。面对发展机遇，俞孔坚把风景园林定位为构建"天、地、人"和谐关系的生存艺术和土地资源管理的科学，杨锐则认为风景园林学是立足"地境"营造的艺术与科学，刘滨谊亦多次撰文阐述风景园林学科立足户外空间的特点。近年来，由城市化带来的环境问题日益加剧，生态文明建设成为基本国策，习近平主席提出"绿水青山就是金山银山"的治国理念，风景园林学科迎来了第二次发展机遇。"人事有代谢，往来成古今"，在风景园林学发展的关键节点，中国老一代风景园林学人相继谢世，人们开始回顾、反思中国现代风景园林走过的历程，缅怀前辈们的学术业绩和贡献，梳理他们的学术思想成为风景园林界关注的一个话题。尽管对人物思想的研究课题由来已久，但对于中国近现代风景园林学术思想的研究仍是风景园林史学界的一个新课题。近年来，一些相关论文相继面世，如刘小虎的《时空转换和意动空间——冯纪忠晚年学术思想研究》、宋霖的《余树勋先生风景园林理论与实践研究》、周艳芳的《陈从周江南园林美学思想研究》等。2018年11月23日，陈从周百年诞辰纪念会暨中国园林文化学术研讨会在浙江大学举行，本书的写作即为上述风景园林人物思想研究的一个延伸。张良皋先生作为建筑学界跨界风景园林领域的代表之一，对其风景园林学术思想的研究，对完善近现代我国风景园林思想体系具有补苴罅漏的作用。另外，现代风景园林行业的发展趋势也在召唤着跨学科的"大匠通才"。2018年初国家政府机构的改组体现了这种发展趋势，把国土资源、发改、城乡规划、林业、水利等相关职能部门合并组建自然资源部，在这种政策背景下，研究风景园林建筑景观的设计尤显应时。

景观设计除了审美上的作用之外还需要具备不同的功能性，功能性的不同也影响着设计出发点的区别，本书着重探讨园林景观设计与中国传统文化之间的结合与应用。

三、园林景观设计与中国传统文化之间的结合

（一）中国传统文化与园林景观设计的历史关联

景观是综合了人文、历史等各方面下的综合性产物，受到了地域环境下的文化影响。从起源的角度来看，传统文化和景观设计之间有着深远的联系，中国传统文化在过去几千年之间的历史发展中经历了发展和沉淀，在景观设计理论之中与其相互影响从而形成独特的理论体系。

中国园林理论体系的形成是在东方文化内涵和中国传统哲学的双重影响下形成的。在中国传统文化的语境之下，对于人类生存、生活空间的营造普遍强调与自然之间的适应性。在中国传统景观营造理论著作《园治》中界定景观营造的最高效果为"虽为人作，宛若天开"，便是强调人造环境和自然环境之间适应性的重要。我国古代造园专著《园治》一书对于景观的营造还做出了更细节的特征描述（表4-2-1）。

表 4-2-1　《园治》对景观设计的特征描述

地点	环境特征	建造方式	营造意境
山林	园林建造以山林地为最佳。有高矮、曲直差别形成的天然情趣，不需要人工的参与	引水开凿，搜集土壤建造房屋。将房屋与山体相接进行建造	不用过多的堆砌元素，随意即可，感受自然的景色，保护环境，吸引动物前来丰富景观

续表

地点	环境特征	建造方式	营造意境
城市	城市中不适合建造园林，如果非要建造需要选择幽静的位置，将建筑置于最中央，营造出一种幽静的感觉	不要建造过分高大的建筑，多种植树木。可以在园林中多设置一些景亭，用来观看人造景观	要保证园林的安静悠闲，这是在城市中建造园林闹中取静的最大原则
村庄	自古以来村庄就是最适合建造园林的地方，在村庄中建造园林还能享受从事农业的快乐	引水入壕，种植树木，利用建筑营造出曲径通幽的感觉	享受田园风光和春种秋收的快乐
江湖	在江边湖畔，只需要一个小小的建筑，就能感受到广阔自然的秀美壮丽	利用自然景观，泛舟、钓鱼，和自然充分互动	这种悠闲和舒适，不需要过多的建筑的人为的事物，自然空间就能提供

　　人工营造的环境应当适应并融入自然生态，这也是中国传统文化的重要体现，不破坏整体环境的和谐性，达到虽为人造宛若天成的最终效果。中国自古以来便将景观设计、周边环境等进行结合性的综合考量，而不是单独地将景观作为单独的设计本体进行设计。在当代，也有很多设计师会在自身的设计当中应用很多风景、自然元素的设计语言参与表达，这种尊重自然亲近自然的做法，体现的是人们在空间营造中的自然价值观。

（二）体现中国传统哲学的造园思想

　　在中国传统哲学思想当中天人共生是一个重要哲学思想，天人共生是一种将自然环境与人列到同等重要程度的哲学理论思想，体现出了中式哲学的包容性。在中国的传统造园文化当中，园林的营造主要也是在于对园林使用者感受的营造。相比于西方园林规划设计中强调园林设计格局上的规划与布局的对称和规整性不同，中式园林营造更加注重的是对于自然景观的塑造，其认为景观园林并不是孤立存在于环境之中的，而应该是融入环境里进行趋于整体化的设计。这种对于自然的影响正是对于中国传统哲学的一种表现，自然与设计主体之间的关系并不互相抢占，而是以一种融入渗透的方式进行交融。造园思想上不会设计过分抢占主题的突兀性设计，在园林的内部空间中通过形成曲折蜿蜒的游览路径来让参观者在空间之中的感受得以强化。这种造园思想的形成源于中国传统文化形成背景之中儒释道三家思想的综合性影响，在层层渗透中所产生的中国传统哲学思想。并且，中国古代造园的设计营造者普遍是文人学者，因此设计上对于文化理论的研究较为深入且具有自己的观点理念。此类设计的最终体现都是尊重自然、崇尚自然、寄情自然，在营造的细节上对于传统文化中的思想精髓得以传达。这与西方园林设计观念有着极大的不同，中国传统景观营造思想中对于园林空间营造上的空间关系布置上，通过空间关系的改变来达到环境营造的最终效果。在中国传统人居环境中，对于景观设计和自然环境以及环境使用者之间的关系，是需要协调进行的。

例如，在苏州著名的留园设计（图4-2-1）中，留园中景观建筑位置的设计与景观观赏流线之间的关系，建筑与整体景观之中的主要水体呈现围绕关系，景观建筑围绕着水体铺陈而开，并以此为基础构成了园林中主要的游览路线，将景观规划、景观建筑、自然植物进行配置，最终形成一种整体化的氛围，这也是中国传统造园文化当中重要的设计理念。

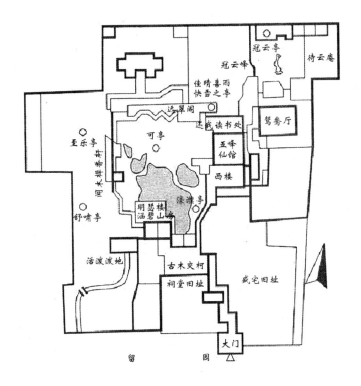

图 4-2-1 留园的设计

西方园林设计中建筑与景观是存在主次关系的，但这种情况在中国传统造园理念中却是不存在的，建筑和景观在中国传统造园文化之中是不分主次和高下的，彼此之间的设计是需要结合考虑的。景观建筑在园林之中需要满足其所承载的功能性，并在园林的游览路径之中承载着景观作用。在中国传统园林尤其是南方地区的园林中配合游览路线多建设有游廊，建筑的外部还设有外廊，这种设计的诞生之初是因为江南地区的气候多雨，廊道首先具备挡雨的功能性，其次在设计过程中通过对廊道的设计加以巧思，形成了景观建筑和室外景观之间相互借景、互为景观的最终效果。同时廊道还可以用来营造封闭的视觉感受，与开敞区域相结合，能够为游览者带来开敞、封闭、开敞、封闭的这种游览观景序列感受，丰富参与感。园林中廊道设计的这种观念也是对中国传统造园思想的绝佳体现，景观除了具有其必要的功能性之外，必须要参与到整个园林景观的构成当中。

（三）体现景观营造意境的中国传统艺术

在世界范围内，中国传统造园文化和思想都具备着极大的影响力，并且对世界各国的园林建造设计方法起到了很大的影响作用，在国际上享有着极大的声誉。国外对中国传统造园方法也进行了许多研究与分析，并且留下了不少著作，例如1772年英国学者威廉·钱伯斯著有《东方造园论》，其中认为中国园林的建造和设计是富有想象力的氛围营造，浪漫、放松、惊奇的氛围是园林建造者想要打造的最终效果，这种氛围营造也就是中国传统艺术注入诗词歌画中所传达的氛围含义。

在国内，文人阶层在造园过程中的参与也增加了文学艺术作品中园林出现的频率。在我国传统四大名著中，《红楼梦》就是建立在大观园这一园林景观背景基础上发生的，这也体现了中国传统造园思想的影响。

自古以来，诗词便是中国文化中重要的组成部分，诗词通过语言文字传达并营造一种文化氛围，其所表达的主体内容中有一类主题为"即景抒情"，多是文人对于山水景观的赞美和感叹。在书画中，传统中国画的主题更是以山水为主，山水画的写意是其最大的特征，因此景观营造、诗词书画、文人创作之间相互影响，古代文人对于意境的营造在中国传统造园文化中得以实现。中国传统的艺术作品诸如上文提到的诗词书画注重的是对于抽象概念的表达，因此民间的审美观念也是建立在表达抽象意念的基础上进行的。例如，中国传统文学当中有一种重要的修辞手法"比兴"，就是在描述一种事物的时候不是进行直接的描述，而是将其他物体作为比喻，从而描述出所想要表达的物体。这也体现了中国传统文化中的含蓄思想，在景观设计中这种含蓄的体现主要在于营造手法上的含蓄，极少有平铺直叙的张扬设计，即使是整个景观的重点内容也不能一眼直视，而是需要经过蜿蜒的流线，在对景观参与者进行心理上的铺陈之后，才能够看到。

这种含蓄的、欲扬先抑的设计手法与西方国家景观建筑设计上的直白形成了鲜明的对比，在现代城市景观建筑设计中通常整个景观的中心内容和主要内容是象征着自然环境的内湖，因此在设计上不应该将其设置在游览者进入景观之后第一时间就能看到的位置上，而应该通过流线的引导设置来一步步引导参与者进到园林观看的区域。同时，设计者还需要对于园林进行一定的设计，将园林进行主次的分隔，与景观建筑序列进行有机组合。

（四）中国传统文化在景观设计中的继承意义

1. 通过文化继承，打造审美价值观

在中国传统的景观设计当中，其设计的内核思想正如上文所提到的，是对于中国哲思的反应，在环境营造的过程中也经常会出现对于自然、宇宙的映射，设计手段也大多以"师法自然"的方式进行。在中国古代，寄情山水是文人雅士的高尚情怀，而景观的营造所体现出的形式是尊重自然并且与自然和谐相处的。这种独特的审美意味让中国传统文化和景观设计之间形成了一种独具特色的审美价值，因此对于景观中应当如何应用中国传统文化，具有打造审美价值观的重要意义。

2. 通过文化创新，强化文化认同感

在新时代背景下，文化创新与文化认同是国家不断呼吁的文化产业先决条件。文化认同能够强化民众对于国家的归属感和认同感，并且从很大程度上来讲，文化认同是国家、民族发展的原动力，只有尊重认可传统文化的国家才能够不忘初心，砥砺前行。对于人居环境的营造在历史中的任何一个时期都与传统文化息息相关，在如今全球化不断冲击的背景下，景观建筑设计师更应该站稳文化脚跟，通过对传统文化的不断了解来实现文化创新，从而强化文化认同感。

四、武当山道观园林建筑案例分析

武当山拥有中国规模最大的道观园林建筑群，也是现存保留最为完好的明代皇家园林，其中蕴含了丰富的宗教园林建筑设计思想和精华，是研究中国传统园林景观建筑思想的一座富矿。

（一）武当山道观园林建筑遗产价值之发掘

武当山整体遗产价值"时间跨度大、空间广袤、类别齐全、技术先进、文化内涵丰富"。时间跨度大指武当山建筑群具有悠久的历史，经历唐、宋、元、明、清五个朝代逐渐完善成熟；空间的广袤性指建筑群规模宏大，与北京（顺天府）、

南京（应天府）、中都（凤阳）一起被称为明代四大建筑工程之一，具有皇家园林的性质；建筑品类齐全指建筑的形制品类繁多，包括宫、观、祠、庵、庙、窟、坊、坛、台等多种类型；构造技术的先进性指在武当山古建筑中，砖、石、琉璃已被广泛运用，这体现了建筑技术上的节点意义；文化内涵丰富性主要指武当山是道教文化和巴文化的发源地。对于武当山古建筑整体的科学艺术水平，有学者认为："武当山古建筑之出现，代表中国建筑文艺复兴之伟大成果。"论及其在中国宗教遗存中的地位，很多学者把武当山称作道教的朝圣中心，并将其与伊斯兰教的麦加、基督教的耶路撒冷作类比。

1994 年，联合国教科文组织世界遗产委员会根据遗产遴选标准批准武当山古建筑群为世界文化遗产。

武当山道观园林建筑蕴含着宏观控驭思想。经相关学者考证，武当山建筑群的选址布局由王敏、陈羽鹏二位风水师规划主持，整体布局是以天柱峰金殿为中心，以官道和古神道为轴线向四周辐射，北至响水河旁石牌坊为 80 公里，南至盐池河佑圣观 25 公里，西至白浪黑龙庙 50 公里，东至界山寺 35 公里。从均州到玄岳门七十里官道，过玄岳门到金顶六十里神道，沿线布置的宫观号称 9 宫 8 观 36 庵 72 岩庙，这些建筑莫不依山就势、因地赋形，虽然变化万千，但是给人的感觉又是鳞次栉比、主次有序、一气呵成（图 4-2-2）；且按照皇权和道教的典章规制赋予建筑以人伦的等级秩序，形成了"定一尊于天庭"的效果（图 4-2-3）。

图 4-2-2　武当山道观建筑与地形之关系

图 4-2-3　武当山园林建筑"定一尊于天庭"的效果

对武陵干栏建筑的研究是不容忽视的一个部分，如果对武陵干栏建筑知识体系进行归纳，大致可分为六部分内容（表 4-2-2），下面仅对其中景观建筑之思想内涵进行解读。

表 4-2-2　干栏建筑知识体系

空间模式	街巷格局	形制	干栏演化轨迹	公共景观	遗产发掘
桃源模式、悬圃模式、地盖模式	天街、岸街、雨街、桥街	一字屋、钥匙头、三合水、四合水、两进一抱厅、四合五天井	傣族干栏—侗族—瑶族、壮族—苗族—土家族—北方窑院	庄屋、鼓楼、廊桥、井亭、群仓制、群栏制、群厕制、筒车、水笕	宣恩彭家寨与庆阳坝

（二）街巷特色发掘

有学者从武陵干栏聚落研究中总结了四种富有特色的街道空间类型：天街、岸街、雨街、桥街。"天街"就是建在山坡上的街市，街道与两侧的房屋沿地形逐级升高，街道像竖立起来。该类街道现在武陵地区尚有个别遗存，如石柱县的西界沱、湖南洗车河的坡子街、咸丰的马河坝、秀山石堤等。"岸街"是指沿河堤江岸开辟的与江河岸线平行的街道。为了节约土地资源，拓展街道空间，临河一面都建吊脚楼，吊脚楼与地形结合产生的立面和空间，使江岸的视觉效果更加生动多姿，典型案例如酉阳龙潭和龚滩（图 4-2-4）、利川的老屋基、长阳资丘镇、湖南吉首的凤凰等。"雨街"也称凉亭街，由出挑的屋檐构成，土家族地区多雨，故而铺面挑檐深远，出挑的屋檐既可为顾客遮风挡雨，也可延扩店铺的营业空间。

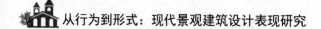

张先生认为由于匠作传承体系不同，不同地域有不同的出檐形式，来凤以南多用"双层挑枋"，向外挑出"两步架"，咸丰一带则发展了一种"板凳挑"，使挑出的两步架的传力更为合理。"桥街"是土家族市镇的一种独特的公共空间形式，土家族地区与西南少数民族常以桥为市，赶场甚至称为赶桥。张先生总结出桥街有两种形式：一种是岩穴溶蚀形成的天生桥，另一种是风雨廊桥（图4-2-5）的形式。人们不但可以在这里遮风避雨、纳凉聊天、交流生产经验，也可以在这里进行商业交易。

图 4-2-4　龚滩的岸街

图 4-2-5　风雨廊桥

干栏式聚落的这些空间形式是由干栏建筑与地形的互动产生的，根植于当地的地理环境和气候条件，是自然选择和人们不断试错的结果，从现代生态学的角度看，干栏建筑不但节约了土地资源，同时具有通风散热的功能，并起到泄洪减灾的作用。张先生指出吊脚楼"不但是具有认识价值的活化石，而且是有生命力的生态建筑"。

（三）公共景观建筑认知

在干栏式聚落中除承载居住功能的住宅建筑以外，还有大量形式生动的公共景观建筑，这些景观建筑是聚落的有机组成部分，是连接生活的节点或者联系不同空间的纽带，同时也反映了当地的耕作制度、社会习俗和宗教信仰。有学者在鄂、湘、川、黔四省的干栏建筑调研中，发现很多有价值的公共景观建筑类型，如贵州侗族干栏聚落中的"庄屋制""筒车水笕""群栏制""群仓制""群厕制"等，这些建筑反映了与生产相关的一种土地经营管理制度。"廊桥"和"井亭"则与生活习俗相关。有学者认为这些文化景观建筑根植于当地的自然环境，与特殊的生产方式相结合，都有其内在的功能价值。如群仓制出于防火的考虑，每家的粮仓都设置在村外的地点，即使不幸发生火灾，村民也不用为没有粮食而发愁；群厕制是把厕所都建在村外池塘边，这体现了当地居民的生态环保意识，人粪入塘比入河更科学、更卫生，不至于污染下游水源，新鲜人粪可以作为鱼食，具有循环农业的意义；群栏制是把牛集中起来喂养，相比散养有更多好处，便于保持村内环境卫生，集中看护，有利于防盗；建在村外具有景观价值的"筒车"和"水笕"则体现了为公益服务的协作精神；井亭则极富人情味，提醒人们珍惜水源加以覆盖保护，不失饮水思源之美德，而且不吝于施舍——在井亭上挂有许多浇筒，便于行人饮用，类似现代城市环境中的公共饮水站。

五、《红楼梦》大观园案例分析

《红楼梦》大观园反映出了文人对于中国宫廷园林空间布局和建筑特征的理解和认识。

（一）大观园的功能分区与布局

我们可以分为九个部分，分别探讨大观园的规模、地块形状、功能分区、大门朝向、水系和水景建筑、殿堂馆舍布置、元妃巡行路线、诸家对大观园的评述和结论。其中功能分区、殿堂馆舍布置和水景建筑三部分与景观建筑联系最为密切。根据学者考证，皇家园林和宫廷园林一般分为四个功能区：礼仪区、馆舍区、幽静区和后勤区。礼仪区在园子南部，居中轴线的位置，以人工建筑景观为主；馆舍区围绕礼仪区布置，是自然要素和人工要素相间的区域；幽静区一般在园子的外围，以自然绿化要素为主；后勤区一般隐藏于园子外围角落的位置。我们可以借用"真、行、草"三种书体形象地概括三个主要功能区的建筑特点，这个总结体现了对园林建筑敏锐的洞察力。（图 4-2-6）

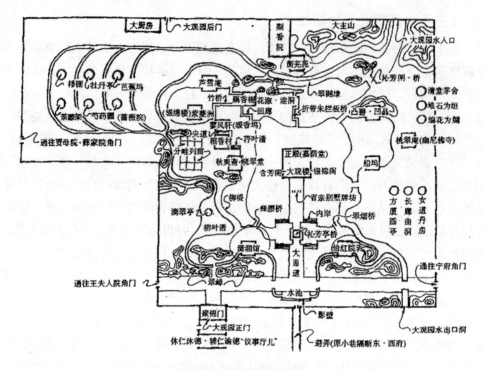

图 4-2-6　大观园平面布局图

　　在大观园复原图中，礼仪区居于园区中央中轴线偏南的位置，周边有"C"字形"瘦西湖"式的水系环绕，馆舍区居于"瘦西湖"环形水系的西面，幽静区则处于环形水系的东侧，后勤区位于地块西北角的"刀把"上，这与1979年戴志强先生发表在《建筑师》上的《谈红楼梦中大观园花园》一文中描述的布局比较接近。戴先生认为园中有一大湖，礼仪区位于湖的北岸，但有学者认为这绝非皇家园林的格局，否则元春省亲的大部分礼仪将难以展开，且不符合"关防"的要求。很多学者认为大观园中有湖存在，只不过湖面被一个大岛几乎"塞满"，变成了环形水系"瘦西湖"，而礼仪建筑安排在这个大岛之上，不但气象庄严，并且利于"关防"。

　　1979年，葛真先生在《大观园平面研究》一文中对大观园园区布局的推测与戴先生有很大的不同，他认为大观园中没有湖，却没想到有"瘦西湖"的存在，但他有两处发现与一些学者的观点不谋而合。其一是大观园的大门不直通大街，而是由荣府大门进入后东折才进入大观园大门的；其二是礼仪区不在园子北部紧靠主山的位置。1980年，徐恭时先生在《芳园应锡大观名——红楼梦大观园新语》

一文中关于礼仪区的位置提出了与葛真先生相似的观点，大观园中有"瘦西湖"式的环形水系存在，他也认为礼仪区不在园子北部紧靠主山的位置。还有学者认为大观园的地块形状不是方形而是"刀把形"。我们可以从礼制的角度推测大观园布局，这可以显示出我们敏锐的洞察力，以礼仪建筑为中心思考园林"真、行、草"三环式布局，反映了作为建筑师的职业特点，也体现了对中国古典园林布局规律的深刻认识。

（二）大观园园林建筑的特点

我们可以引用日本园林"真、行、草"的造园手法，形象地描述大观园园林建筑分布的特点。可以推测大观园中礼仪区正殿不仅坐落于园中间的大岛上，且呈现"楷书"的特点。正殿为两进院落，沿中轴线布置，后为寝殿，前为戏楼，两厢配殿，围成四合院。戏楼下是穿堂，上面是戏台，后堂前有月台（图4-2-7），贾府女眷看戏时用。礼仪区外围是馆舍区，花木、山石、水体等自然要素增加。馆舍区内建筑体量变小，布局也较为自由，如蘅芜院、藕香榭、蓼风轩、芦雪庵、稻香村、潇湘馆、怡红院都沿园中水系外围布置，仅从景点名字便可感受到其建筑氛围。藕香榭、蓼风轩、芦雪庵一带近似一个水上植物园，稻香村附近有苗圃菜畦，所以馆舍区的建筑具有"行书"特点。馆舍区的外围为幽静区，以自然要素为主，基本上没有建筑或是后勤区域，视觉形式接近"草书"的特点。另外，由于在大观园中，礼仪区和馆舍区由环形水系隔开，故而还有一些水景建筑在礼仪区与馆舍区中间起到联系的作用。

葛真先生把"三春"的住处摆到了园子的东面，与稻香村脱离了关系，这不能不说是功能考虑上的失误。对大观园的解读，我们不但应该从家族伦理的角度去思考，更应该同时兼顾功能的合理性，甚至可以推测曹雪芹在《红楼梦》中采用隐喻的手法，以怡红院、潇湘馆、蘅芜院的三角布局隐喻贾宝玉、林黛玉、薛宝钗之间的三角恋爱关系。透过对大观园的推考，我们可得到对园林建筑的理解和认识。其实，园林建筑格局应与园区的功能相协调，馆舍区建筑应与自然环境相协调，强调其"点景"功能，突出园区的画意和诗境。这些思想可反映出建筑师的职业特点。

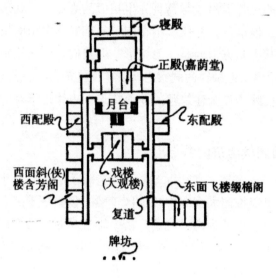

图 4-2-7　月台

六、中国园林景观建筑思想总结

山、湖与岛屿是中国园林的不朽启示。正如古代世界的其他地方一样，中国的园林设计实践始于神话与至高无上的皇权的结合体。通过前文对中国园林景观建筑理论的解读和景观建筑设计作品的分析，本着钩玄提要、萃取精华的原则，笔者认为可用"通、驭、理、和"四个字对中国园林景观建筑思想予以概括。下面以此为纲对上述景观建筑思想进行阐述。

（一）"通"的思想观

"通"取义于我们常说的"大匠通才"，笔者认为"大匠"源出希腊文的archi，即"首领"，tect 谓"匠人"，Architect 正是英译"大匠"之意。可以将包括城乡规划、风景园林在内的大建筑学称作"匠学"，"大匠"故而又有大师，优秀而成熟的规划设计师之意。20 世纪 80 年代香港建筑师李允鉌写了一本《华夏意匠》，笔者读后感触良多，从此对其中之"意匠"非常关注。

大匠之所以为大匠，贵在"通才"，其核心又在"通"。笔者认为，"通"首先是一种职业需要，考证古代司营建造的官职及职责范围可以发现，建筑事务通常由司空、司徒、工部尚书这些官职和部门掌管，除了负责营房造屋以外，还包括城市规划、开垦农田、兴修水利、建造防御工事、修路造桥、营建礼乐设施等，若不通晓上述诸专业是无法胜任的。另外，结合历史上许多著名建筑师的专业背景来看，如蒋少游、阎立德、李诫、蒯祥、庆宽等在历史上都负责过一些大型的宫廷建筑设计，他们个个多才多艺，且精通书画艺术。一些园林建筑师如倪瓒、计成、石涛、米万钟、张涟、张然、李渔等既擅长造园，又精通绘画。故而笔者认为，"通"是建筑职业对"匠师"素质提出的"通才"要求。这也是笔者将"通"作为大匠通才思想的原因。

万敏教授主持的《思南新城城市设计》也是"通才"思想之结晶，在对思南山水格局、地形肌理和历史文化深度研读的基础上，他综合了生态、文脉、功能等诸多设计要素，荟萃了建筑、地理、服饰、古文字、图腾、纹饰等综合知识；融合了符号学、象征、隐喻多种设计语言，演绎了思南的悠久历史和山水文化。这种熔自然、人文精华于一炉的设计手法，必然建立在对地理学、地形学、生态学、文化人类学、民俗学、古文字学等多学科知识的融会贯通的基础上。《竹山县郭山歌坛设计》是万敏教授在"通才"思想指导下打造的又一力作。作品中运用了伏羲八卦、女娲补天、祝融火燎、庸王钟、灵山十巫、干栏等众多传统文化元素符号对应庸国方隅和不同方位的文明成果，反映了其对华夏神话、文化人类学、人文地理学、堪舆学、谱牒学、巫文化、符号学等各学科知识的"通"。

由此可见，中国园林建筑体现的"通"的思想，对于中国建筑设计师们影响深远。此外，"通"也应该成为一种教育理念。我们不但要以"通"的专业素质要求自己，也要以"通才"的标准培养学生，比如，经常开设"诗词讲座""红学讲座"等第二课堂，为工科背景的建筑学生补充文史知识营养。这可以促使学生们练就文理兼修、文武全才的本领，在各自的专业岗位上都能独当一面。"班门无捷径，大匠贵通才"这句话可以成为对青年学子的勉励、寄托与希望。

总而言之，园林景观建筑设计师应以"通才"标准要求自己，除了精研建筑设计理论、建筑历史理论外，还应涉足文化人类学领域，探究文化地理；并善于利用机会，如出国交流考察等，吸收学习诸多现代派建筑设计理念和方法，从而做到博古通今、学贯中西。

（二）"驭"的思想观

"驭"取义于我们在讨论建筑设计之时常溢于言表的一个词，即"宏观控驭"。"宏观控驭"关键在于"控驭"二字，而其中更为生动睿智的则为"驭"，所谓"驭"即控制、统御的意思。其思想内涵主要指景观建筑设计要与宏观的天体现象和地理格局发生联系，将建筑作为自然结构的有机整体；轴线是实现宏观设计的抓手，中国园林建筑擅用轴线统御全局，控制整体的空间秩序。

有学者对宏观设计的价值和意义进行了描述："风水观念要求建筑物之间互相望见，建立视觉联系，形成空间节奏，历来是中国建筑常用的手法，有时距离超远，视力望而无及，也要造成确切无疑的感觉，现代人毫不犹豫地以尺度之划分将之列入'规划'，但这在中国古人心中，这仍是设计，这种大手笔章法，无以名之，曾姑且称为'宏观设计'。"从不同时期的文献中可以清晰地发现相关学者对"宏观设计"思想形成的脉络。"驭"的思想首先体现为我国学者对中国传统建筑设计思想的理解，同时他们也认为"驭"是中国古代建筑的一大显著特色。在《论楚宫在中国建筑史上的地位》一文中，笔者发现了秦都咸阳的宏观设计手法，咸阳周边的景观建筑如信宫、太极庙、阿房宫、甘泉殿统一沿以秦直道为基干的南北轴线布置。在《秦都与楚都》一文中，相关学者再次强调秦都规划布局的大手笔。根据《史记》和《三辅黄图》中的信息考证，秦都的南北轴线，北起九原，南至终南山，长 1800 余里；东西轴线，西起汧水，东至上胸境内长达 2000 多里。这两根轴线不仅是都城的骨干，而且可以北控匈奴，东制六国，是控驭御内的政治工具。在《园林城廓济双美》（1997 年）一文中，相关学者把目光回溯至秦汉时期的自然园林和唐以前的宫廷园林，指出其宏观的规模和因山成林的设计手法是中国园林艺术的正源，江南的私家园林只是中国园林发展的某一个阶段、某一种类型的特征，不能代表中国园林的全部，这从根本上纠正了人们对中国园林"小家子气"的误解。

"宏观控驭"是中国匠学的一大特色，中国古代匠师的职责不仅是营房造屋，还是"辨方正位，体国经野"的大事业。而这种"宏观控驭"思想也对我们如今的景观建筑设计思想有着十分深远的影响，尤其在现代城市设计中具有重要意义。从我国学者对"宏观设计"演化的轨迹可以看出，宏观设计是中国古代建筑的优秀传统，也是对中国古代建筑理论研究的一种认识和成果。

结合深厚的国学背景来看，把建筑设计思想与天文、地理甚至风水学理论结合起来，这也是"驭"思想的一种表现。首先，笔者认为建筑设计应与天体现象发生视觉联系。正如我们中国人常说的"顺天应人""象天法地"，亦即此理。应该说的是，在方位明确的建筑中，容易感知时间，辨别方向，并且规避气候的不利因素，预知季节物候的更替。笔者考证了很多历史案例，发现历代皇宫都采用正南正北向布置，皇宫正中御道也取子午线方向，宫门和城门在南北轴线相互照应，国之枢轴和天之枢轴合二为一，作为一种经验法则，从西汉长安开始沿袭至明清。这种布局方法除了有辨方正位的优点以外，对于宫廷与庙堂建筑还有象征和比德作用，方位不正，无以比德"君权天授"之正大光明气象。古代皇帝以天子自居，端正的布局可以宣示象征皇帝的尊严和地位，以此威慑民心，巩固其统治秩序。这也是拉卜普特所说的建筑高层次意义的非语言表达的一种方式。

此外，把建筑设计发散到地理学领域来看，笔者认为建筑设计应该建立在对地理信息了解的基础之上，根据地形肌理提供的条件和契机采取对应的策略，使建筑成为大地景观，与山河胜概发生同构关系。我们常说"辨方正位，体国经野"，宏观设计是对整个国家国土资源的规划，中国历史上很多都城选址都与大的地理格局有某种关联。例如秦、汉、唐的都城对应南部的子午谷，周、隋时期的洛阳对应南面的伊阙，东晋建康对应南面的牛首山。另外，笔者认为中国风水学也包含有宏观设计思想，宏观设计思想和风水学一脉相通，中国很多景观建筑便是由风水师规划设计的，这些案例主要集中在都城的选址、皇家陵寝园林建筑、宗教园林建筑的规划布局当中，其中较为著名的案例如楚都鄢郢、都郢、纪郢的选址，明代十三陵的规划，武当山道教建筑的布局都与宏观的地理格局存在着紧密的联系。表面上看是地形顺应了建筑，实则是建筑顺应了地形，地形启发了设计师、风水师的灵机。

另外，我们可以把"宏观控驭"作为景观建筑设计的一种工具。在对古代宏观设计的案例研究中，可以发现不管是"象天"或者是"法地"，轴线是最有力的抓手和工具。秦都咸阳的轴线，纵横千里，经天纬地。与中国建筑格局的大手笔相比，巴黎罗浮宫的东西轴线不过500米，只能算是袖珍型、迷你型轴线。通过分析布扎建筑，我们可以领教布扎建筑的"轴线定位"这独门利器。同时在研读《中国建筑史》的过程中，笔者发现轴线定位法并非欧洲人的专利，中国才是轴线定位法的宗源地。中国的轴线规模更为宏大，几乎与子午线同构，可以用表征山河、引喻日月来形容。在历史的发展演进过程中，东西方对轴线控制法的认知逐渐趋同，轴线控制成为人类共同的环境营建模式，甚至是人类先验心理结构中"集体无意识"的一种表现。但以融贯中西的学术功底，对其进行提炼升华，我们可以发现"宏观控驭"思想是其建筑国学与西方古典主义建筑思想耦合的结果。

很多建筑设计师在不同尺度的设计实践中常巧用"宏观控驭"来掌控全局。在实际项目中，并不见得所有的场地规模都很宏大，有的只是城市街区中的一隅，但是要能够"小中见大，微中见驭"，以咫尺而现万里之势。以武汉解放公园的设计为例，其公园以三条斜交的轴线作为景观大道，使公园形成三级道路系统，弥补了主流线上的游客追求高效交通的不便，增强了公园空间的向心力和凝聚力，同时又产生了强烈的视觉扩张感，给人以超出实际规模的错觉。由于三条轴线以斜交而非正交的方式组织，与公园自然主义风格的基底达成了和解；轴线对应地形边界上几个极点布置，控制了更多的外围空间。万敏教授主持的《思南新城城市设计》则是一个"宏中见驭"的设计案例。设计方案中的东西轴线长达42公里，西起城市制高点的观山庙，东指土家族的圣山梵净山。这条轴线并不是凭着设计师的想象力主观臆造出来的，而是从思南城宏观的山水格局中提取出来的。因为在山地城市中，人工建筑物的尺度永远超不过山岳，依据山水格局确定城市框架是一种明智的选择，它为后续的城市发展定下了基调和弹性的发展空间，把人工要素和自然背景纳入了统一的秩序。故而"驭"则是景观建筑设计及理论思想的精华。

（三）"理"的思想观

有句著名的思想论断就是"建筑要讲理"，这个"理"包罗很广，包括物理、生理、心理、伦理、地理、情理、哲理等。可以说，这一思想脱胎于"建筑四理"，即"物理、生理、心理、伦理"，我们可以在不同的场合选用不同的"四理"组合来说明问题。

2000年，围绕安德鲁所设计的中国大剧院"大水泡"方案，引发了一些学者"建筑要讲理"的疾呼。之后，随着更为奇怪的央视大楼的出现，学者们"建筑要讲理"之调门也调到了最高，几乎在每一适当的场所，都有学者均要大声呐喊"建筑要讲理"。在2000年至2012年这十余年之中，"建筑要讲理"这一思想论断对很多建筑专业的师生来说，都有着十分重要的影响。直至2014年习近平主席在文艺工作座谈会上提出"不要搞奇奇怪怪的建筑"以后，学者们方如释重负，胜利完成了这道显而易见的、由基本道理组成的命题。中国建筑界迸发出"建筑要讲理"之声终于"洞达天听"，使这一基本道理回归寻常。我国学者关于"理"的思想并非是该次大论战中产生的，而是经过国学文化熏陶，外加基本思维判断，还有其骨子里的专业精神，21世纪初的迸发只是一根导火索，一种不讲理的建筑将中国大地变成了一个实验场，这诱发了建筑师们骨子里的理性。

"建筑要讲理"之核心在"理"，故笔者用"理"来概括这一思想行为。而在众多"理"中，笔者认为最为突出的就是伦理和地理。笔者对建筑伦理的思想观点首先体现在对古代礼制建筑的认识和理解。古人把建筑作为轨物范世的礼制容器看待，建筑是成人伦、助教化的工具。设计师根据典章制度的规定设计其形制和空间，不同的建筑形制和空间对应不同身份地位和社会角色，在这种环境里生活的人，自然就形成一套行为规范。历代帝王深谙此道，王朝创建之初都要大兴土木，通过建筑树立帝王的尊崇与威严，并欲以此为工具教化臣民遵守礼仪。

在笔者看来,《礼记》中所定的礼仪几乎全依据建筑规范,看似一套繁文缛节,而人身处这样的环境中,亦会被训练得服服帖帖。礼仪是伦理关系的外显形式,是身份地位的象征,是等级秩序的保障。一些学者对《大观园》复原的研究就是从封建社会的建筑伦理入手推测其中礼仪区的位置的,因为大观园是为元春省亲所建的,故有皇家园林的性质,礼仪区是标准配置,而在中国古代的伦理观念中,中间的位置象征着最高的社会地位和等级。《吕氏春秋》有"古之王者,择天下之中而立国,择国之中而立宫,择宫之中而立庙"的古训,很多人正是基于此理推断出礼仪区位于大观园中轴线的湖中大岛上,其余各区则根据所用之人及功能依序而建。

现代社会的伦理价值观是民主、平等、自由等,这相对于封建社会的等级伦理是一种进步。故对于民间业主来说,要照顾左邻右舍的利益关切,不得以势压人,按照平等互利、互相尊重的原则处理邻里空间关系。这种伦理精神的实质是基于环境效益均享所达成的心理默契,是一种隐形的社会契约或曰伦理关系。为了限制个人的私欲膨胀,伦理意识也被写进一些城市规划和建筑法律规范中,如中国的建筑规范中后退红线的要求,西方也有关于"光污染""声干扰""门面权""通路权"等相关法规。除了城市法规的约束以外,对于建筑师来说,也应该遵守职业伦理道德。2009 年,笔者有幸读到了《建筑必须讲理》一文,这篇文章阐述了现代建筑师应该遵循的建筑伦理,认为设计师应尊重前人的业绩,有义务为高明的前辈建筑师做配角,甚至为已建成的建筑圆场,使蹩脚的作品在自己的新构图中获得新生。以归元寺云集斋这一建筑设计为例,归元寺云集斋便体现了一种甘当配角的伦理思想,建筑的布局朝向、形态装饰都是为衬托主体建筑服务的。

在武当山道观园林建筑研究中,我们可以注意到中国古代建筑师在建筑伦理方面比较自律。武当山道观园林历经唐、宋、明、清几个朝代建成,但是建筑整体布局非常协调统一,像是一气呵成的作品,这反映了历代建筑师在这场建筑"接力赛"上的默契配合和职业伦理。而西方的一些建筑师在这方面的所作所为,尤其是他们在中国的表现则不尽如人意。一些所谓地标景观建筑,炫奇斗巧,互相拆台,简直是一幕闹剧。其实,笔者对习近平主席提倡的"不要搞奇奇怪怪的建筑"这一观点非常赞赏,笔者认为这才是建筑伦理的理性之道。

此外,"理"的思想还体现在对"地理"的关注方面。地理指地形的肌理、脉络、结构、秩序和山川形势,甚至还包括区域的气候条件。通过对鄂西吊脚楼的研究,我们可以看到中国建筑对地理的关注,从武陵的地理环境中找到孕育吊脚楼的先天条件。武陵地区山地多,平坝少,植被茂密,降水丰沛,气候湿润,正是这些地理条件限制倒逼出干栏建筑的抗洪减灾、通风除湿、节约土地资源等多种优点。干栏建筑是大自然优化选择和人们不断试错的结果，体现了土家族对武陵地理环境的理解和尊重。笔者认为地理信息是解读景观建筑和文化符号的一把钥匙，也是建构景观建筑的重要脉络。比如由万敏教授主持的《思南新城城市设计》，其城市框架就是在深度解读当地地理信息的基础上建构起来的。在中国建筑发生学的研究中，万敏教授发现幕居、巢居和穴居作为中国建筑的三原色也是不同地理环境优化选择的产物。"理"的思想是中国园林建筑思想体系中最为丰富的内涵之一，也是建筑设计师构想的包括风景园林在内的大建筑学的理论根基。

（四）"和"的思想观

"和"源出于中国人民"祈求和谐"的箴言，"和谐"指不同事物间的相互配合、相互作用，使多种要素相互统一。笔者认为"和谐"是建筑的最高境界，具体又体现为人工建成环境的和谐与自然环境的和谐。而"中和"是实现人工建成环境和谐的主要途径；"天人合一"是人与自然环境和谐相处的主要原则。

"中和"的思想是"和"的首要体现，"中和"即高水平的折中和儒家所提倡的中庸之道，"中和"是对建筑师职业道德提出的要求，也是中国建筑设计师对建筑风格的理解和认识。笔者认为，"中和"是保障人工建成环境和谐的主要途径。

"治大国如烹小鲜"，越是大的艺术，自由度越小，只有收敛个性，追求共性，才能保证相互之间不冲突，不冒犯，才能使建成环境形成合力和统一的视觉风貌。景观建筑设计是书写大地的艺术，其要求更高，在设计过程中要协调各种要素，平衡各种关系，设计师更应保持谦逊审慎的态度。故而，建筑设计师可对追求大众意识的布扎建筑体系重视起来，尽管老布扎已经"儒分八派""佛别十宗"，但是仍然保持着旺盛的生命力，没有哪个流派能撼动其主流地位。对现代主义的几位设计师，我们可以来分析一下赖特和沙里宁，沙里宁逝世以后悼词中最令人难忘的是"他没有个人风格"，没有风格往往就是最大的风格，亦是一种博大宽宏，这种众体兼备的特征也是一种高水平的折中，反而更容易成为主流。正所谓宁可"千篇一律"不可"一篇千律"，这体现了对西方哲学话题"一多之辩"的理性思考，也体现了对"共性"之理性认识，很多建筑学者的思想是宁可多中求一，而不能一中求多。这是一种美学原则，也是一种建筑伦理。还是以归元寺云集斋为例，其在满足实用功能的同时，又赋予建筑以传统的形式，谦虚地配合了归元寺的历史环境。

此外，"和"体现为"天人合一"的思想，这是实现人与自然环境和谐相处的原则。很多学者认为人类须放弃傲慢的态度，以平等的姿态对待自然，才能保证人居环境的安宁、祥和。中国传统风水学提倡"亲地贵生"的思想，把山石河流当作大地的骨骼血脉看待，把泥土草木看作大地的皮肤毛发，古人营建活动从不轻言"改造"。皇帝陵寝的建造一般都采用土葬或因山造陵，明十三陵、孝陵和显陵都是顺应自然的佳作，神道并不僵直，而是随地形地貌转折起伏，分成数段，省去很多开方填土，以避免凿伤地脉；《红楼梦》中的大观园，也是因借地形的产物，园址选在荣府旧园基础上，把宁府的会芳园和宁荣两府之间的小巷融合进去，保留会芳园内原有的古树名木、亭馆台榭、湖石池沼，荣府旧院的水系也被保留，这一方面节约了很多开支，同时也使园林很快产生景观效果；鄂西的干栏建筑正是为了避免与农田争抢平坝资源，避免破坏地表植被，避免阻碍地表径流，才有了底层架空的灵动形态，才形成"岸街""天街""桥街"等诗意栖居空间。在设计实践活动中，张先生践行了"和"的思想，万敏教授主持的恩施大峡谷马鞍龙停车场和游客中心的规划设计中，即"依山就势，不要形成大的破坏"，这一原则在建设中亦被忠实地执行。停车场和游客中心充分利用了地形提供的限制条件，很好地配合了主体景观，保留自然山体的完整性，成为七星岩景区精彩的前奏和序曲。

"通、驭、理、和"是中国园林景观建筑思想的精髓，这些观点固然不是一些学者专门针对风景园林学提出的，从文化人类学的宏观视角，反而精确不到建筑单体，而是聚焦在人、建筑和自然三者的宏观关系上。无心插柳柳成荫，正是这种"广角镜式"的研究方法，意外地为景观建筑留下了很多珍贵的思想遗产。"通"是实现"驭、理、和"的前提条件，是对建筑师自身素质的要求；"驭"是景观建筑师统辖宏大空间的视野和手段；"和"是景观建筑的终极目标应与自然环境和社会环境相协调；"理"是景观建筑的指导性原则，也是保持人类自身可持续发展的永恒法则。在笔者这里，"理"代表了建筑的功能逻辑、结构逻辑、地理逻辑和伦理逻辑，其中功能逻辑和结构逻辑是建筑单体营造应遵循的法则，地理逻辑是处理建筑与自然环境关系的法则，伦理逻辑是处理建筑与社会环境关系的法则。

立足于景观园林学术学科的视角来审视不同的景观建筑思想，可以说"通、驭、理、和"是对景观建筑的解读，刷新了人们的庸常视野，拓展了景观建筑的内涵和范围。笔者认为，景观建筑不仅是传统意义上花园中的装饰小品和孤立的建筑单体，还包括与大地肌理、山川格局产生同构关系的聚落及城池，这种同构关系不仅体现为一种视觉上的完型，更是建筑选址在生态网络秩序中的准确定位。很多学者对景观建筑的思考和实践反映了其超前的地景建筑学思想，体现天人对话的人居环境理念。因此，在对于园林景观建筑的探究，我们还需要继续前行。

在园林景观建筑方面，作为中国建筑设计师，应该充分分析我国的传统，在继承的基础上有效创新；同时，也要积极汲取国外的一些智慧，从而不断丰富园林景观建筑的内涵，促使中国园林景观建筑得以创新性的发展。

七、日本园林的形式和发展赏析

首先，日本园林设计者对植物的兴趣从未改变，比如说拥有宏大的池泉庭园的平安神宫（京都府），神苑四周盛开的垂樱（图4-2-8），枝叶嫩绿的树林和布满翠绿藓苔的西芳寺（京都府）黄金池（图4-2-9），在东京都的六义园中，夜晚在夜灯映照下的枫叶是秋天的重要景物之一（图4-2-10），初夏时分，杜鹃花的修剪为六义园增添了几抹艳丽（图4-2-11）。

图 4-2-8　神苑垂樱　　　　　　　　　图 4-2-9　西芳寺黄金池

图 4-2-10　六义园枫叶　　　　　　　　图 4-2-11　杜鹃花的修剪

其次，我们可以分析一下外国人眼中日本园林的魅力所在。美国有一本名为JOURNAL OF JAPANESE GARDENING（简称"JOJG"）的隔月发行的日本园林专业杂志。该杂志从2003年开始实施"SIOSAI项目"，每年都会发表《优秀日本园林排行榜》。桂离宫连续12年排名第二，岛根县安来市足立美术馆连续12年排名第一。

连续12年排名第二的京都府桂离宫（图4-2-12），初夏的雾岛杜鹃花开红似火，染红了池泉庭园。

图4-2-12　京都府桂离宫

以足立美术馆为例，这个园林如此受外国人欢迎的奥秘是什么呢？我们可以从以下几点探讨。首先，它将枯山水、苔、池、白沙、青松这些外国人在头脑中描绘的日本园林的印象浅显易懂地具体化了，用非常鲜明的形式来表现园景，再用杜鹃花、红叶、雪等四季景物为园林增添色彩。同时，被群山环绕的地貌和群山，作为美丽的借景发挥它们的作用，这一点也是不可忽视的要素。其次，是美术馆得天独厚的展示方式（这个园林位于美术馆中），这也是一个重要原因。将馆内的窗框作为画框，在园林内取景，就形成了"活的有框画"，然后像展示品那样展示出来；同样，将日式房间的壁龛打通，就可以将园林内的风景变成"活的挂轴"。全康先生曾说过"园林是另一幅画"，园内设计确实是这样。另外，足立美术馆内杜鹃花的"刈込"（整形植物／修剪植物／型木）也给人们留下了深刻的印象。在2014年度的排名中，山本亭、赖久寺、诗仙堂、六义园等越来越多拥有优美的"刈込"的园林入围。"刈込"造型修剪的好坏如实地反映了园林的管理情况（日式绿篱修剪——刈り込み，简称为"刈込"），所以调查人员对于这一点应该也

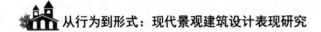

给予了肯定。从 2013 年的第 5 名上升到第 3 名的东京山本亭内，沿园路开的刘込（图 4-2-13）引人注目。

可以说，日本园林尤其独特的特点，也是众多园林建筑中非常有代表性的，与中国园林建筑景观也有共通之处。作为中国园林景观建筑设计师，可以在分析日本园林建筑景观的基础上，取其精华，从而不断拓宽自己的设计思路，丰富中国园林建筑景观的表现形式和特征。

图 4-2-13　沿园路开的刘込

第三节　纪念性景观建筑设计的形式与发展

一、纪念性景观建筑概述

应该说主要起警示和纪念作用的景观，称为纪念性景观，一般是围绕着某个历史性主题而建造的。实际上，纪念性景观类似于主题公园，两者都是根据既定的主题进行设计的。纪念性景观主题可分为三大类：第一类是事件主题，如战争、重大突发灾难性事件、对人类历史发展有重大影响的事件等；第二类是人物主题，主要是为了纪念重要历史人物；第三类是陵墓主题。（图 4-3-1）

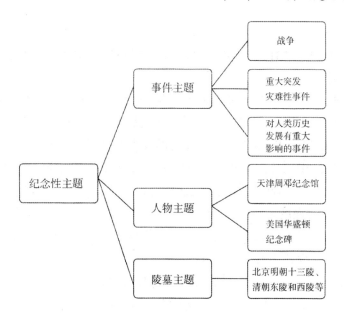

图 4-3-1　纪念性景观主题

在我国，许多纪念性景观都强调突出建筑，归属于纪念性建筑。实际上，任何纪念性建筑都离不开景观。在这种情况下，建筑就类似于中国古典园林中的"厅堂"。明代造院大师计成曰："凡园圃立基，定厅堂为主。"（出自《园冶》）在国外，纪念性景观较为普遍。而在国内，单纯的纪念性景观并不多，其大多与纪念性建筑联系在一起。当然，纪念性建筑离不开景观，只是观察侧重点不同罢了。国内外常见的纪念性景观和纪念性建筑汇总如下：

A.人物主题景观：四川省成都杜甫草堂；淮安周恩来纪念馆；北京天安门广场毛主席纪念堂；美国华盛顿马丁·路德·金纪念园，2011。

B.事件主题景观：汶川地震纪念园；八一南昌起义纪念碑；皖南事变烈士陵园；西柏坡纪念公园；俄罗斯莫斯科二战纪念馆，1995。

二、纪念性景观空间与空间序列

（一）纪念性空间概述

宇宙中物质实体之外的部分称为空间。在纪念性景观中，各景观要素相互限定，形成纪念性景观空间。纪念性景观设计，就是纪念性空间的创造。

1. 空间分类

分类方式不同，会有不同的空间类型。一般根据使用性质、空间占有程度和围合程度进行划分。

根据使用性质，空间可分为活动型、休憩型和穿越型三类。A.活动型：空间规模较大，能容纳的活动类型多，参与活动的人数量大。比如，下沉式广场和台地，为典型的活动型空间。B.休憩型：一般规模较小，尺度也较小。比如，纪念性建筑物附近、居住区中的外部空间，属于此类。C.穿越型：这类空间，实际上就是通道。比如，通往纪念碑或主体纪念建筑的通道，就是穿越型空间。

根据空间占有程度，空间可分为公共空间、秘密空间和半公共空间三种类型。A.公共空间：社会成员共享的空间。公共空间往往是人群集中的地方，如公共活动中心和交通枢纽内有多种多样的空间要素和设施，人们在其中有较大的选择余地。纪念性景观大多属于公共空间。集中公共绿地、休闲广场等，都属于公共空间。B.私密空间：适合于个人或小团体开展私密活动的空间。C.半公共空间：介于公共空间和私密空间之间的一种过渡空间类型。它不像公共空间那样开放，也不像私密空间那样封闭。

根据围合程度，空间可分为开敞空间、半开敞空间和封闭空间三类。这是一种围合空间，由空间界面围合而成。空间界面可以是实面，也可以是虚面；可以开敞，也可以封闭。A.封闭空间：由空间界面材料完全围封而成。在视觉、听觉以及小气候方面，都具有较强的隔离性和封闭性。特点是内敛、向心，具有很强的区域感、安全感和私密性，通常让人感觉比较亲切。缺点是往往具有单调感、沉闷感。私密程度要求不是特别高时，可以适当地降低封闭性，增加与周围环境的联系和渗透。B.开敞空间：空间界面围护限定程度较低，常采用虚面作为空间界面，空间流动性大，限制性小，与周围空间的关系，无论从视觉上还是听觉上都有较密切的联系。开敞空间是外向性的，限定度和私密性较小，讲究对景、借景以及与大自然或周围空间的融合。亭所构成的开敞空间，如图 4-3-2、图 4-3-3、图 4-3-4 所示。C.半开敞空间：介于封闭空间和开敞空间之间的一种过渡形式。其既不像封闭空间那样具有明确的界定和范围，又不像开敞空间那样完全没有界定的开放状态。

图 4-3-2　亭所构成的开敞空间——苏州玄妙观四海亭

图 4-3-3　亭所构成的开敞空间——笠亭

图 4-3-4　亭所构成的开敞空间——北京北海涤霭亭

根据心理感受，空间分为静态空间和动态空间两类。A.静态空间：形态上趋近于"面"，空间构成的长宽比例接近，可以是规则几何形，如方形、圆形、多边形等，也可以是不规则的自然式形态。主要为游客休憩、停留和观景等活动提供服务。B.动态空间：是具有强烈的引导性、方向性和流动感的空间。一般是线性空间，当然也可以是自然式的。线性空间尺度越狭窄，动感越强。

2.尺度与空间大小

纪念性景观空间突出纪念性，但也必须以人的基本尺度为基础。其可以在这个基础上进行夸张、放大、缩小或变形。

列奥纳多·达·芬奇（Leonardo da Vinci）对维特鲁威人进行细致研究后绘制了维特鲁威人的人体比例图（图 4-3-5）。其他常见的人体比例关系图，在网上也有很多。

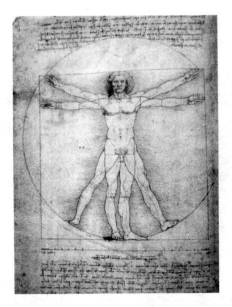

图 4-3-5　维特鲁威人的人体比例图

（二）纪念性空间界面及其空间的形成与创造

1. 空间界面

构成空间的实体或虚拟体外围，称为空间界面。在纪念性景观中，可分为顶界面、底界面和侧界面。可以作为空间界面的要素很多，比如墙体、廊道、植物、建筑物、地面、水体、山体、道路、河流等。

2. 空间的形成与创造

纪念性景观设计中常见的空间构成要素，如墙体、门洞、漏窗、长廊、借景等，都可以在纪念性景观中采用。

（1）围合

最简单的景观空间构成形式，是用较高的围护实体围合而成，具有很强的隔离性、区域感、安全感和私密性。围合效果可用围合强度表示。围合强度（E），是指观察者距空间界面的距离与界面高度之比。围合强度 E=1 时，为完全围合；围合强度 E=2：1 时，为半围合；围合强度 E=3：1 时，为低度围合；围合强度 E=4：1 时，围合感差不多就消失了。

根据所采用的空间界面类型，可以创造出各种不同的围合空间。常见的空间界面，主要包括墙体、走廊、碑、亭、楼、阁等各种纪念性建筑。在纪念性建筑内部，

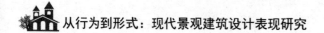

还可以采用多种形式，如隔断、隔墙、透空／露空隔墙、功能性隔断墙、装饰性隔墙、玻璃隔墙、家具围合、展示墙面围合（图4-3-6）、帷幔、贝壳类垂帘以及柱列等。

图 4-3-6　展示墙面围合

（2）分割

先对基面进行分割，然后再加上垂直空间界面，即构成新空间。有时界面可以是水平的、倾斜的或者其他形态。基面，就是设计场地地形面。

①黄金分割

线段黄金分割是把某一线段分为两段，分割后的长段与原线段长度之比等于分割后短段与长段之比，这种分割法即线段黄金分割。

如图4-3-7所示为对给定线段进行黄金分割的示意图。以 B 点为垂点，做垂线 BC，以 AB 长度的 1/2 为半径、B 点为圆心画弧，交 BC 于 C 点，得到一个直角三角形。以 C 为圆心、CB 为半径画弧，与 AC 相交，得点 D。以 A 为圆心、AD 为半径画弧，与 AB 相交，得点 E。所得两线段即为黄金分割线段，其中 AE 为长线段，EB 为短线段，EB 与 AE 之比为 0.618。在 E 点对线段进行切割，所得的图形会带来视觉上的和谐与美感。

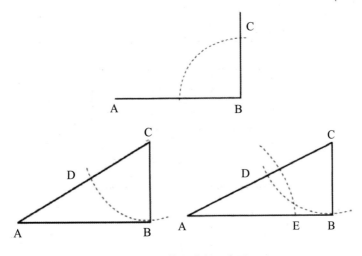

图 4-3-7 黄金分割示意图

②黄金矩形

纪念性景观设计中，有些要素可以设计成矩形，如水池、花坛、亭等。一般情况下，要尽可能使矩形的长宽之比等于或者接近黄金比例 0.618，这样的视觉效果协调、美观、生动、大方。

比如战争主题纪念性景观中，一般要设立纪念碑。纪念碑的位置可以用黄金矩形原理进行确定。例如，设有一长方形地块，长方形 ABCD，两边长分别为 AB 和 CD，宽分别为 DA 和 BC。设 DA=60.0 米。以 AD 为边长，绘制正方形 AEFD，G 为 AE 的中点。（图 4-3-8）

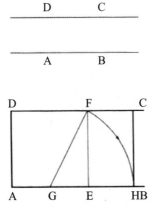

图 4-3-8 用黄金矩形原理确定纪念碑位置

③九宫格分割

设有一正方形，将其等分为 9 个小正方形，就构成九宫格（图 4-3-9）。

2	5				8			
		1		5	9	3		6
	6	8			1			9
	3		8					4
				9				
9					6		5	
5			4			2	3	
7		3	9	8		4		
				6			7	5

图 4-3-9　九宫格分割

④分形分割

分形面是非欧几何下，介于一维与二维之间的面。其属于不规则面的一种。根据分形几何原理，可以对面进行分形分割。

⑤谢尔宾斯基地毯 (Sierpinski Carpet) 分割

谢尔宾斯基地毯分割是波兰数学家瓦茨瓦夫·谢宾斯基 (Wactaw Sierpinski) 在研究分形结构时所提出的一种分割形式。将一个实心正方形 划分为 3×3 的 9 个小正方形，再对余下的小正方形重复这一操作就可以得到谢尔 宾斯基地毯分割。

⑥达恩地毯 (Dhan Carpet) 分割

达恩地毯是谢宾斯基地毯的变形。其构建方法是：设有一正方形，将其等分为 16 个小正方形，把位于四角上的小正方形去掉，即得达恩地毯。（图 4-3-10）

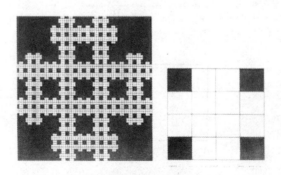

图 4-3-10　达恩地毯及构建

⑦康丽地毯 (Kangri Carpet) 分割

康丽地毯也是谢宾斯基地毯的变形，其构建方法是：设有一正方形，将其分为 6 个小正方形，最大的一个小正方形占原正方形面积的 2/3，余下的 5 个全等小正方形占原正方形面积的 1/3，去掉左下角的一个小正方形，即得康丽地毯。（图 4-3-11）

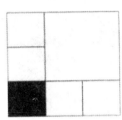

图 4-3-11　康丽地毯及构建

⑧威诺德地毯 (Vinod Carpet) 分割

威诺德地毯的构建方法是：设有一正方形，将其分为 10 个小正方形，最大的一个小正方形面积占原正方形面积的 4/5，余下的 9 个同等小正方形面积占原正方形面积的 1/5，从左上角开始，每隔一个小正方形去掉一个（图中粉红色标示），即得威诺德地毯。（图 4-3-12）

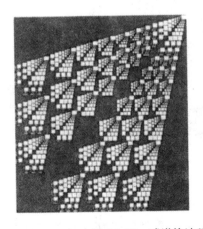

图 4-3-12　威诺德地毯及构建

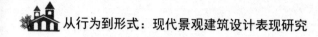

⑨克里什纳地毯 (Krishna Carpet) 分割

克里什纳地毯的构建方法是：设有一正方形，将其分为 10 个小正方形，最大的一个小正方形由原正方形面积的 4/5，余下的 9 个全等小正方形面积占原正方形面积的 1/5，从左上角开始，将第 3 个小正方形去掉（图中绿色标示），即得克里什纳地毯。（图 4-3-13）

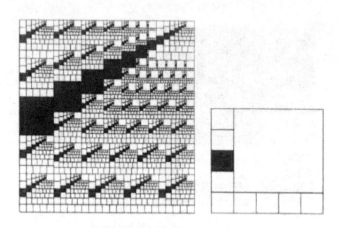

图 4-3-13　克里什纳地毯及构建

⑩斯特尔地毯 (Stelle Carpet) 分割

斯特尔地毯的构建方法是：把一个正方形划分成 9 个相等的小正方形，把位置（2，3）上的去掉，依次往下循环，即得斯特尔地毯。（图 4-3-14）

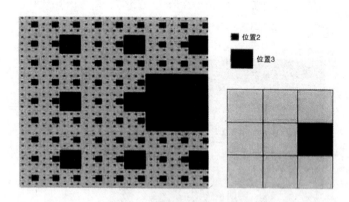

图 4-3-14　斯特尔地毯及构建

⑪ 天窗地毯分割

天窗地毯的构建方法是：把一个正方形划分成 16 个相等的小正方形，位置（2，

3）上的去掉，依次循环，即得天窗地毯。（图 4-3-15）

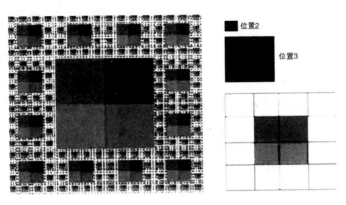

图 4-3-15 天窗地毯及构建

三、纪念性景观的主要设计要素

（一）地形

纪念性景观场地一旦确定下来，原始地形条件基本就确定了。根据设计需要，可以通过填方或挖方对原有地形进行改造，创造出符合纪念主题要求的新地形。填方与挖方处理，读者们可以阅读其他的一些书籍进行了解。有关地形处理，主要考虑以下几个因素。

1. 地形面

纵向方向上，地形起伏变化所形成的轮廓线，称为地形面。纵向上看，其类似于纵剖面线。地形面主要有四种形式，即成角地形面、曲线地形面、结构型地形面和自然式地形面。而自然式地形面和成角地形面，让人感觉充满活力和力量。曲线地形面，显得安静、悠闲、松散。结构型地形面，由直线和锐角构成，能明显地感觉到其是经过人工设计的。与周边建筑物能够很自然地形成一个整体，起到突出强化的作用。自然式地形面，自然起伏线条，不形成锐角，场所感较弱，假如与动态结构性建筑要素有机地结合在一起，会创造出强有力的纪念性景观特征。

2. 地形围封

平坦的地形，视野开阔，宽广外向。一般来说，对于这种地形，需要进行地形改造。可以在小范围内堆山，或者挖湖，或者利用其他要素进行地形塑造，如墙体、植物等。平坦地形可进行线性空间设计，视线在一段距离内不受阻挡，表现出很强的透视效果。运用透视原理，巧妙地用植物作为背景，创造出植物与天际线相接的景象，在这种平坦的地形上，可以设置中央轴线，而视觉终点可以是某种标志性建筑物，如华盛顿纪念碑到白宫的轴线。

丘陵、山地等起伏地形，具有围合效应。地形起伏，称为地形肌理。在两道山脊之间，位于山谷底部观察时，视域越小，围封程度越高。反之，围封程度越低。也就是说，围封程度与地形高度和观察者在垂直高度上的位置有关。地形抬高，视野开阔，空间开敞。在向山顶行进的过程中，心理上会逐渐形成某种崇敬性，如一些教堂、寺庙依傍于高处，并且设有很长的上升坡道或者大量台阶，就是为了创造这种崇敬感。

地形高于观察者的眼高时，视线被阻挡和围封。被围封的空间，称为视域。两道山脊之间的距离加大，视域随之扩大，景观变得开阔。此类地形称为粗肌理地形。随着距离的缩小，空间变小，从心理上来说呈现出遮挡效应，私密感增强。这种地形，空间较小，更具人性化尺度，称为细肌理地形。下沉地形，可以看作细肌理地形的一种。地形下沉之后，空间相对封闭和私密，视野受到限制。游客在心理上感到放松和沉静，自然生发出一种沉思缅怀的心境，有利于纪念信息的传达。

3. 坡度

坡度与排水和植被密切相关。土方开挖或者填埋过程中，都会"自然"形成一个坡度角。坡度角的大小因土壤类型而不同。有植被生长的土壤，开挖深度可以比填埋深度大一些。植物对土壤具有固着作用，使土体比较稳定，假如所需要的土体，其坡度大于土壤稳定自然坡度，那么，就需要计算土壤的静止荷载能力，然后采取必要的安全措施。坡度角对于沟槽开挖特别重要，如果坡度较陡，可以将地形改造成台地，则比单一坡面要稳定得多。植被类型不同，对坡度的要求也不同。若需要高强度管理的草坪（例如大量浇水、定期修剪），使用机器进行修剪的话，坡度不能大于15%。耐旱草坪、草地以及生命力强的地被植物，不需要进行高强度的管理，坡度可以陡一些。对于既定的坡度，只有某些植物能够选用。如果坡度大于1：1，就需要采取额外的加固措施。

坡向影响太阳辐射的再分配，进而影响到局地小气候。北半球较高纬度地区，南向坡，更适合于建造建筑物。纪念性景观与其他用途相结合时，北坡适合于建造滑雪道，因为北坡能避免阳光的直射，防止积雪融化。坡向一般为8个，分别是北、东北、东、东南、南、西南、西和西北，可用阴影或者不同颜色来表示。

4. 排水与侵蚀防护

根据地形特点，可以采用明渠排水或暗渠排水。山地地形，侵蚀防护极为重要。简单的措施，就是种植植物。通过植物根系，对土壤进行固着吸附。有时，还需要建立挡土墙，采用格栅和土工织物等材料，对坡面进行加固。坡度林的地形，例如地形面坡度大于25%，一般不允许进行工程建设。坡度8%—15%或者15%—25%时，需要采用特殊的设计施工方法，才可以进行建设特别平缓的场地，比如坡度小于1%，可能会造成排水不良，需要特别注意排水设计。

（二）水体

"园可无山，但不可无水"，纪念性景观也常常利用水体来表达纪念主题。例如，美国93号航班纪念园，就是把湿地改造成一个人工湖，采用静水表达纪念主题；美国"9·11"世贸中心国家纪念园，采用动水——瀑布的形式，创造出巨大的太虚空间，表达生命的缺失；伦敦海德公园中的戴安娜王妃纪念园（图4-3-16），采用椭圆形的动水水体，象征戴安娜王妃一生的生活经历；荷兰水防线公园是完全以水为主体的纪念性公园水体。在纪念性景观中的应用是很广泛的。

图4-3-16　伦敦海德公园中的戴安娜王妃纪念园

自然界中，水的存在形态多种多样，如静水、动水、雾化水等，水无形，但盛载它的容器有形，因而也就有了池塘、喷泉、湖泊、跌水、瀑布、水雾等各种水的形态。单从动态方面来看，可分为静态水和动态水两类。静态水让人感觉安静平和，有促使人们沉思遐想的效应。纪念性景观中，静态水大多采用比较简单的几何形态，如矩形、圆形、三角形等。周边建筑、树木、雕像以及游客，倒映于平静的水面上，创造出多维空间，空间尺度感得到增强。动态水可用来表达空间的流逝。诺曼底战役纪念园，穿过树林、草地，就是一片动水，水漫过边缘注入下面的水池中，象征战士们的生命在流逝，最终归于平静。

（三）植物

在纪念性景观中，植物是必不可少的构成要素。植物的作用是多方面的，比如象征、空间创造、障景、纪念情感表达和纪念气氛的烘托等。松柏象征万古长青，在纪念性景观，特别是在陵墓景观中是最常用的植物。而垂柳代表情意绵绵，国槐象征长寿，柿树象征圆满等。空间的营造离不开植物，可以围封形成空间，也可以通过分割对空间进行限定。地被植物和低矮的灌木，对空间边界具有暗示作用，植物的干形、叶色和质感，都可以创造出不同的空间形态。

1. 植物线性特征

经过合理的安排，植物可以体现出某种线性特征，可以是直线、曲线、渐进线或者其他几何形状。直线呈规则几何形体排列的植物，体现出人工设计的一些地区，鸟儿停留在电线和电线杆上，因排泄而形成天然播种，也会形成直线排列的植物群体。道路两旁的行道树，沿着道路呈线性排列，一方面强化道路的线性感觉，另一方面又可作为与周边建筑连接的媒介。

2. 植物空间限定

植物具有空间限定的功能。所形成的空间具有不同的类型。从空间尺度上来看，可分为亲密空间和公共空间。根据空间的方向，可分为水平空间和垂直空间。按照围封程度，可分为完全围封空间、开放空间和无限空间。

（四）雕塑

在纪念性景观中，雕塑是不可或缺的重要因素，几乎每个纪念公园都有雕塑。雕塑作为一种艺术形式，根据功能，可分为纪念性雕塑、功能性雕塑、装饰性雕塑、主题性雕塑和陈列性雕塑五种。根据材料的不同，可分为根雕、泥雕、陶瓷雕塑、石雕、玻璃钢雕塑等多种类型。

纪念性雕塑，是以历史上或现实生活中的人或事件为主题，用于纪念重要的人物和重大历史事件。一般这类雕塑多在户外，如四大自由公园中的罗斯福头像。户外一般与碑体相配置，或雕塑本身就具有碑体意味。另外，也有设立在户内的纪念性雕塑。

功能性雕塑，将艺术与使用功能相结合，首要目的是使用，比如垃圾箱、儿童游乐设施等。

装饰性雕塑，主要目的就是美化生活空间，表现内容极广，表现形式多姿多彩。纪念公园中的小品大多属于此类。

主题性雕塑，是为某个特定地点、环境、建筑或其他要素而创作的雕塑。纪念性景观中的雕塑大多属于这一种类型。

陈列性雕塑，又称架上雕塑，主要用于陈列和展示，多是为了表现创作者个人的思想和感受、风格和个性，或者某种新理论、新思想，尺寸一般不大。

纪念性景观中，最著名的雕塑莫过于美国南达科他州拉什莫尔山国家纪念公园（Mount Rushmore National Memorial）中的四总统雕塑（图4-3-17）了。图4-3-17中，从左至右分别为：乔治·华盛顿（George Washington），美国首任总统；托马斯·杰斐逊（Thomas Jefferson），参与起草《独立宣言》的开国功勋，美国第3任总统；亚伯拉罕·林肯（Abraham Lincoln），美国第16任总统，1863年颁布《解放黑奴宣言》；狄奥多·罗斯福（Theodore Roosevelt），美国第26任总统。

图4-3-17　四总统雕塑

纪念性公园中设置雕塑，关键是要紧扣纪念主题。与战争相关的纪念性公园，雕塑多为士兵或将军，用以再现战争当时的场景，如土耳其阿塔图克纪念公园等。其他场景中的雕塑，也需要与纪念主题相匹配。

（五）建筑物

纪念性景观中，建筑物具有举足轻重的作用。战争主题纪念性景观，纪念碑是必不可少的。其他类型的纪念性景观，出于主题表达或者游客参观的需要，都需要设计建造建筑物，比如亭、高台、墙体等。纪念性建筑物，就是"某种建筑或结构，用以纪人或纪事，有时也用来回忆某个自然地理现象或历史遗址，小到基碑，大到一块巨大的岩刻，具有功能意义，也可以仅具纯粹象征意义"。（图4-3-18）

图4-3-18　山东济南英雄山革命烈士纪念塔

根据建筑形式，纪念性景观中的建筑物，常见的有纪念碑、纪念墙、纪念塔、纪念亭、牌坊、牌楼、凯旋门、陵墓、纪念堂馆以及纪念性雕塑小品等。不同的纪念主题，对应着不同的建筑物形式。人物主题，一般有纪念碑、事迹陈列馆等。陵墓主题，一般有陈列馆、悼念室等。古代陵墓，多建有地下墓室，还有甬道、石像生等。事件主题，大多都需要有陈列馆。

（六）文字

文字是最重要的纪念载体之一，一般都雕刻在大理石上，如"9·11"纪念公园遇难者的姓名，雕刻在太虚空间的外缘。阿塔图克纪念碑碑文就雕刻在纪念碑座上，雕刻内容如下：

鲜血流淌失去生命的英雄们，

安眠在友好国度的土壤上。

静静地安息吧！

在这里，

约翰尼与穆罕默德并无高低贵贱之分，

肩并肩地长眠在一起，

你们，母亲们，

把儿子送往遥远的国度，

现在可以把泪水擦干了，

您的儿子就活在我们的怀抱里，

平静而安详，

在这片土地上，

他们失去生命，

自然地也就是我们的儿子。

——阿塔图克，1934

四、纪念性景观建筑案例分析

（一）阿塔图克纪念碑

阿塔图克纪念碑（The Ataturk Memorial）（图 4-3-19）位于惠灵顿塔拉凯纳海湾（Tarakena Bay）的一座山脊上，纪念碑俯瞰着库克海湾（Cook Strait）。场地景观与加利波利半岛（the Gallipoli Peninsula）极为相似。此地一年四季都可供游客游览，从停车场步行一小段距离即可抵达。

图 4-3-19 阿塔图克纪念碑

土耳其、澳大利亚和新西兰三国政府，经过协商之后建起了这座纪念碑。1984 年，澳大利亚政府向土耳其政府发出问询，是否可以把加利波利半岛海湾重新命名为澳新军团海湾（Anzac Cove），以便纪念在第一次世界大战加利波利战役中阵亡了的澳大利亚和新西兰士兵。土耳其政府同意把这个海湾的名称由阿里·伯努公墓（Ari Burnu）改为澳新军团海湾。另外，又建造了一座大型纪念碑，用以纪念在那次战役中牺牲的所有军人。与此同时，澳大利亚政府和新西兰政府同意分别在堪培拉和惠灵顿建造一座纪念碑，用于纪念穆斯塔法·凯末尔·阿塔图克（Mustafa Kemal Ataturk）将军，当时他是前线总指挥，后来成为现代土耳其的第一任总统。

纪念碑由伊安·鲍曼（Ian Bowman）设计，于 1990 年澳新军团纪念日（Anzac Day），由土耳其农业部举行揭幕仪式。纪念碑包括一个大理石拱门、一座阿塔图克半身雕像，以及来自澳新军团海湾的铭文和土壤。1999 年，在土耳其政府的资助下，伊安·鲍曼又设计铺装了前院和道路，以及砾石铺筑的停车场。

纪念碑铭文由阿塔图克于 1934 年撰写，每年在惠灵顿的澳新军团纪念日这一天，都要在国家战争纪念馆由土耳其大使进行宣读。

（二）巴伐利亚国立博物馆——入口广场和庭院

地点： 德国，慕尼黑。

设计单位： 莱纳·施密特景观设计公司。

随着收藏范围的扩大，巴伐利亚国立博物馆（图 4-3-20）原来的空间已不够使用，于是，又建立了一个新馆。新馆位于刚刚修建的普林茨里根大街，1900 年正式对外开放，由慕尼黑建筑设计师加布里尔·冯·赛德尔（Gabriel von Seidl）设计。100 年后的今天，也就是在这座建筑落成 100 周年庆典之际，需要对它进行全新的翻修改造，包括各种典型的公共空间和外部围封的半公共空间的改造。对巴伐利亚国立博物馆景观综合性的翻新改造主要是把小汽车停车场改造成一处典型的院落，突出体现这座博物馆在文化、历史和城市设计方面的重要作用。

图 4-3-20　巴伐利亚国立博物馆

2005年，受"巴伐利亚国立博物馆之友"（The Friends of the Bavarian National Museum）俱乐部委托，莱纳·施密特景观设计公司（Rainer Schmidt Landscape Design Company）承担了设计和施工任务，主要对主建筑前面的庭院和内庭院进行设计改造。设计灵感来自对"典型代表"的正确理解。关于这个主题，有大量的实例和文献可供参考。原有的建筑含有多种不同的建筑风格，有哥特式建筑、文艺复兴时期的建筑、巴洛克建筑、洛克克建筑，以及古典主义建筑和新艺术运动建筑等，建筑立向反映出内部的装饰情况，在战前时代，建筑风格总是与展览内容的风格相对应。这种风格的多样性，通过外部景观的特色——经典、现代和内敛，使建筑的吸引力得以提高。借用巴洛克风格理念，采用了倾斜平面，用以改变空间感觉。

1. 入口广场设计

在通往伊萨河（Isar River）的方向，普林茨里根大街开始变窄之前，院落向后退移。在主入口前面，一种很重要的历史性布局，构成翻新改造的基础。这些历史性遗产被充分地吸纳到入口广场和内庭院的新设计方案之中。普林茨里根大街改造之后，作为战后内城自由通行主干道的地位没有改变，而新方案就充分考虑到了这一点。

广场成为一个新型的公共活动场所，既可作为博物馆的出入口，又可作为集会、停留、休憩之地。这种设计方式源于原来广场中所具有的下沉式花园。向建筑一侧倾斜的花坛，构成广场的心脏部分，创造出对称工整的出入口。地面纵向条带式铺装，以及向建筑方向倾斜的、经过修剪的楔形黄杨木绿篱，增强了空间的纵深感。建筑前面的下沉式花坛，犹如一块地毯。花坛与博物馆之间低矮的台阶，对于这座风景如画的建筑自然而然地构成了一个坚固的平台。

白色石英砾石条带，与黄杨木绿篱和带有不锈钢护栏的草坪，形成鲜明的对比。在朝向入口台阶方向，地面略为倾斜，进一步起到强化空间的作用，从视觉感受上使空间得以扩大。作为一种视觉导向，它把人们的注意力引向台阶，进而通往主入口。夜晚，广场在灯光照明下，极富舞台效果，突出体现博物馆在城市景观中的重要作用。通过这种布局，主入口前面原来那种长期停放机动车的现象一去不复返了。现在，两侧通往内庭院的大门，也被赋予新意并具有连贯性。两侧各有一排玉兰树，对称排列，形成一个入口框架，好似开放空间幽雅的柱列。

2. 内庭院设计

内庭院和后面区域的翻新改造，遵从遗产建筑名录中所给出的相关规则，对这些开敞空间的重新诠释，是建立在历史设计渊源之上的，内庭院的设计布局极为清晰，毫无突兀感，与主建筑内庭院的装饰型地面铺装完全吻合。其目的就是把博物馆外部空间气氛带入室内。把内庭院看作一个独立的构成要素，在植物选择和材料应用方面，形成一个完整统一的整体。这种设计理念的核心，是要尊重场地的历史脉络，避免对过去一些使用方法和设计安排的简单模仿，为这些外部空间注入新鲜"血液"，使其变得更为丰富，更加生机勃勃。

将来，博物馆建筑中有一小部分会用来提供餐饮服务。这样，对内庭院的使用就有了特殊的要求，新设计方案也考虑到了这一点。

3. 普林茨里根大街入口

博莱特馆（Bollert collection）东面，设置了一道门，通往餐馆主入口沿着普林茨里根大街，穿过这道门，就进入一个小型花园庭院。地面铺装材料与前庭院相同，都是奶油色花岗岩。小路的东侧是草坪，西侧是能够自我黏结的砾石层，上覆白色碎石屑。

4. 餐馆平台

原先建造的平台，一部分在第二次世界大战期间被摧毁了，需要进行更新改造，现在，经过改造的平台，与原来的风格相匹配，成为备受欢迎的餐馆平台。位于中心地带的底座，原来用于放置雕塑，现已被移走，创造出了明净的开放空间，沿墙种植了一些珍贵的玫瑰品种，而原来草坪中的紫杉造型树予以保留。对位于主台阶与餐馆平台之间的低矮的黄杨木绿篱，进行了更换。台地地面、墙体和台阶铺面，采用花岗岩，与前庭院和道路相同。

5. 主建筑内庭院

根据建筑前面原来下沉式花坛的风格特征和赛德尔（Seidl）原来的规划方案，在内庭院草坪中镶嵌了大块石板，以其独具风格的花卉图案，对建筑波形山墙重新予以诠释丰富多彩的立面与地平面相呼应，透过大楼窗户可以将美景尽收眼底。

内庭院中的道路，采用的是能够自我黏结的砾石层，上覆白色碎石屑。两株高大的欧洲椴和三株黄杨，予以保留，另外又增加了三株黄杨，与原来的规划相协调。

（三）威尔士王妃戴安娜纪念喷泉

地点： 英国，伦敦，海德公园。

景观设计： 古斯塔夫逊·波特景观建筑事务所。

1. 项目背景

从艺术设计到施工建设，威尔士王妃戴安娜纪念喷泉（图 4-3-21）应用了英国现有的大量技术工艺，以及汽车行业的具有突破性的高新技术。为了建造永久性的纪念设施，反映出黛安娜王妃一生的生活经历，把现代技术与传统方法相结合，是非常必要的。

图 4-3-21 威尔士王妃戴安娜纪念喷泉

设计施工团队组成人员包括景观设计师、计算机建模专家、咨询工程师、施工专家和专业石匠。参与这个项目的各家公司和组织机构，都为这个全国性项目的成功建设做出了重要贡献。

2. 设计

威尔士王妃戴安娜纪念喷泉设计方案，由古斯塔夫逊·波特（Gustafson Poter）提出。从方案的提出，到最终确定，经历了几个关键阶段。首先，设计师本人提出了一个模型，并且对质地、形态和水的表面特征，进行了阐述。根据设计师的描述，水在流动过程中呈现翻滚、瀑布状倾泻、波浪状卷曲以及形成气泡等多种形态。与奥雅纳工程顾问工程公司合作，按照水力学的要求，对各种喷头进行了设计。所面临的挑战，就是如何把这种视觉形象，转换成技术上可行的、可实施的方案。

最初，设计师凯瑟琳·古斯塔夫森（Kathryn Gustafson）和尼尔·特波（Neil Porter）创作了一个黏土模型。除了创造喷泉模型之外，对海德公园中喷泉周围的地形也进行了重新塑造。模型制作完成之后，加上了橡胶铸模，然后由福特汽车公司进行扫描，创建"三维模型扫描文件"。有了福特"扫描文件"，对于花岗岩组成的椭圆圆环和周边地形，设计团队可以创造出多个剖面，对细部进行详细设计。这是首次把这个软件应用于建筑设计，其通常应用于汽车行业。

表面开发工程公司（Surface Development & Engineering，SDE），是一家英国公司，专门致力于高质量计算机表面模型的创建。由该公司把古斯塔夫逊·波特的设计，最终转化成平滑的 3D 模型。计算机模型描绘出纪念喷泉的全部形态，形成一个无缝电子文档，详细描述每一块石头的形状和位置，共计 545 块石材。这种文件，称为"果冻铸模"，可以再划分成单块虚拟石块，以便进行切割。

Barron Gould-Texxus 也是一家美国公司，专门从事表面肌理设计。该公司解决了各种不同类型的表面肌理数字化模型创建问题，把各种不同的表面肌理，转换成视觉 3D 对象，然后，再在现实世界中重现。各种不同表面形态的计算机模型，与表面开发工程公司的"果冻铸模"文件相配合，创造出面积达 230 余平方米的独特的表面效果。

采用这种突破性技术所获得的最终结果，就是一组复杂的计算机文件。在这组文件中，按照工程精度要求，对每一块石头的形状和表面肌理进行了精确描述。与此同时，纪念喷泉中的一个关键区域，称为"哗哗流淌"，由伦敦帝国学院进行仿造，对这一关键区域的特殊水景效果，进行了精细的调整。还有一项工作由水景专家奥克米斯（Ocmis）来完成，目的是把"气泡"引到喷泉的西边。

3. 纪念性喷泉描述

这座纪念性喷泉于 2004 年 7 月正式落成并对外开放。这不是一座普通的喷泉。喷泉呈椭圆形，与场地内原有的等高线略为交叉，运用这种地形，把水流导向两个方向。

古斯塔夫逊·波特的设计，表达了一种"外达内通"的理念。这是源于威尔士王妃的个人品质——博爱、宽容和亲和。喷泉周围的景观，呈辐射状向外扩展，同时，又把人们吸引到它的周围。通过石块表面肌理的处理和喷头的设置，创造出了各种不同的水景特征。

4. 水源区

水源区位于最高点上，水从喷泉底部呈气泡状冒出。利用水泵把水从蓄水池中抽出，大约 100 升 / 秒。蓄水池靠近蛇形湖，就在植物区前面。从这里开始，水沿着山坡向下流动，分成两个方向——东路和西路。

（1）东路

在台阶这里，水流呈阶梯式，弹跳着向下流动。台阶表面采用天然形态或者人工褶裥形态，肌理变化丰富，富有吸引力。

然后水流进入另一个区域——摇滚区。在这里，花岗岩石块经过了雕刻处理，水流缓缓地呈曲线状流动，轻轻地左右摇摆。

在"哗哗流淌"这里，水流获得动力，进入微微弯曲的曲线之中，5 个喷头创造出一组水景。水流获得额外能量，注入喷泉之中。于是，设计师把这个区域命名为"哗哗流淌"。

（2）西路

水源的西边有花岗岩组成的水渠，采用创新性石块切割技术，对表面肌理进行了较大的处理，创造出生动的水景，让人们不禁联想起山间小溪或者潺潺流动的小河。然后，水流穿越一道横向节点，在这里，石块砌成的水渠开始变得平整起来。

水流继续向前流动，渠道加宽，在 5 个点位引入气泡。气泡沿着水流向下流动，形成一条翻滚的白色瀑布。

"查达尔"，是传统莫卧儿花园中常见的水景。水流从人工雕刻的石块上面流过。在这个纪念性喷泉中，"查达尔"水景格外耀眼。在这里，从西边而来的水流水花飞溅，翻滚着进入大型水池之中。

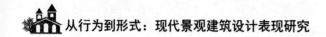

从东西两个方向而来的水流，最终都汇入最低处的倒影池中。在这里，通过对池塘底部进行特殊的肌理处理，可见水面显得更为生动。从东西两个方向汇聚到一起的水流在这里脱离喷泉。最后通过水泵，水流再次回到源头处，循环往复。

（四）纽约哥伦布环岛

地点：美国，纽约。

面积：内环约为 3345 平方米，外环约为 13750 平方米。

1. 项目范围

哥伦布环岛（图 4-3-22），根据弗雷德里克·劳·奥姆斯特德（Frederick Law Olmsted）的中央公园设计理念，于 1905 年建成。其中，经历了无数次的构思和重新设计。该环岛位于中央公园的一个主入口附近。作为一个公共空间，其在功能性、安全性和吸引力方面，都未起到应有的作用，并且对周边房地产开发也没有起到带动作用，总体来说一直处于闲置状态。1989 年，中央公园保护协会组织有关景观设计师，对这一地区进行了初步研究。在涉及交通研究时，建议把这一空间改造成环形交通格局。

1997 年，纽约市政府对这个历史性的环岛进行重新设计，并且将其与时代华纳中心（Time Warner Center）的开发建设联系起来。2001 年，景观设计团队和与他们合作的工程师，共同提出了一个设计方案。在这个方案中，这块场地被改造成了富有魅力的城市空间，用以吸引纽约市的居民和游客前来观赏游览。这里，有令人心动的植物、一系列的喷泉、极具美感的坐凳、宜人的地面铺装和多彩的灯光，所有的这一切，都对这个环岛的独特性和活力，以及它在整个城市中的作用，起到了强化效果。

2. 项目规模

内环面积大约为 3345 平方米，外环面积大约为 13750 平方米。如图 4-3-22 所示为环岛鸟瞰图。

图 4-3-22 纽约哥伦布环岛鸟瞰图

3. 设计目的

该设计旨在把这个历史性的纪念空间，转换成公众可以接近的、可以欣赏游览的、安全而又可以互动的空间环境。在中央公园主入口附近、三条重要街道的交会处（百老汇大街、第 8 大街、第 59 大街），通过设计改造，为纽约市增加一处引人入胜的公共空间。基本设计构思是通过运动和灯光组成同心圆环，创造出这样一种感觉：这个环岛不仅是纽约市的中心，而且是整个宇宙的中心。

4. 设计所面临的挑战

环岛下面有两条地铁隧道，以及各种私人和公共设施网络，包括电力、电话和污水排放管道等，对于与新设计方案产生冲突的各种设施，都需要与其所有人进行协同探讨搬迁的可能性。地面处理、人行道、照明以及便利设施设计等，都需要与邻近地产所有人进行协商。

场地的交通标志和照明，数量过大，过于混乱。景观设计团队需要与有关市政机构进行协调配合，减少交通标志和照明装置的数量，但又不能影响行人和驾驶员的安全。

5. 材料选择以及相关的施工方法

经过与有关机构协商讨论，就场地的几何造型和步行道设计，景观设计师提出了一个内环设计新方案，在内环上设置喷泉、纪念碑、步行道照明以及便利设施等。

如今，哥伦布环岛，以纪念碑为中心，包括一系列的同心圆环，与交通道路之间形成缓冲带。此外，还有宽广的略为抬高的植物种植区，一系列的喷泉，漂亮的地面铺装，精美的坐凳和迷人的灯光。内环的外缘，有一块后退区域，鹅卵石铺装，略为抬高，用以安装路灯、交通信号灯和标识系统等。这样，内环步行区不再显得杂乱无章、混乱无序了。

外缘鹅卵石条带，在花坛和邻近小路之间，形成一条缓冲带，最大限度地阻碍盐分和尘埃的进入。纪念碑周围原有的小喷泉，被去掉之后改造成了一个中央广场，更加体现出纪念碑的宏伟高大。游客可以站在这个环岛的中心，接近纪念碑，阅读上面的碑文，研究这些雕塑，而这些在以前是不可能的。

原来的中央喷泉，被改造成三个新池塘，围绕着中央开放区布设。新设的喷泉形似一系列同轴倾斜的立杆，向中央方向弯曲，形成瀑布似的喷射水流，其对环岛的环形设计和纪念碑的主体地位，进一步起到了强化作用。同时，又能够阻隔交通噪声，缓解夏天的炎热。这组喷泉看似简单，却很有新意。冬季，喷泉关掉之后，其就转换成一系列的坐凳，避免给人一种荒凉的感觉——而这是许多喷泉基部在冬季所具有的现象。

喷泉边缘新安置的定制坐凳，材料为巴西核桃木。坐凳的尺寸大小与这块城市空间相匹配，可以很舒服地背对背坐下，欣赏跳动的水流、绿油油的植被以及高大的纪念碑。

在这个场地的景观设计中，照明也是一个中心构成要素。为了避免混乱繁杂，照明设施的数量大为减少。保留下来的都是对于行人和交通安全来说必不可少的。内环中的道路照明被去掉了，仅有外缘照明。所有的照明设计，对这个场地的同心圆主题，都起到了强化作用。

6. 种植设计

种植设计采用同心圆形式，一年四季色彩变换，美观绮丽。在通往历史性纪念碑的方向，美洲黄花七叶树形成一条视觉轴线，对纪念碑形成部分围封。树木周围栽植麦冬、鼠尾粟和枸子。外圈种植美洲皂荚，为步行道提供良好遮阴效果。

7. 社区

现在，在纽约这座大都市最繁忙的交叉口处，哥伦布环岛成为一处可供人们休息放松的场所。其是通往中央公园的门庭，是百老汇大街上的重要景观，为那些在这座城市中生活和工作的人以及来访的游客，创造了一处亮丽的风景。景观设计的提升改造，对这块城市空间和纪念碑的重要性起到进一步的强化作用，使它成为一处很受欢迎的，举行庆贺活动的场地。

8. 环境方面

使车辆回归环形车道，可以减缓车速，降低噪声，环境也更加安静。新设计的过街通道和环形通道，进一步提高了行人的安全性。

9. 地产所有人、客户以及设计师之间的合作过程

由于这个项目的复杂性，需要多方面的共同合作，主要包括景观设计师、市政和结构工程师、喷泉和照明设计师、都市运输局、时代华纳中心开发商、代表纽约市的城市规划局、设计施工局、公园与娱乐管理局，以及中央公园保护协会等。景观设计团队还与其他组织机构进行了合作，比如纽约市艺术委员会（the Art Commission of the City of New York），地标建筑保护委员会（the Landmarks and Preservation Commission），邻里社区董事会（Neighborhood Community Boards）等。

（五）纳尔逊·曼德拉被捕地——新建国家纪念性雕塑

地点：南非，夸祖鲁-纳塔尔省。

艺术家：马克·曹斐内力（Marco Cianfanelli）。

建筑师：杰里米·罗斯和吉尔伯特·巴林达——Mashabane Rose 设计事务所。

景观设计：杰斯特迪吉特-娜塔莎·斯特郎。

雕塑材料：喷漆激光切割低碳钢和（生锈）钢管结构。

1962 年 8 月 5 日，在 R103 一段看起来很普通的道路上，距离夸祖鲁-纳塔尔霍威克镇大约 3 千米处，突然发生了一个影响深远的事件。一伙武装种族隔离警察，挥旗示意一辆小汽车停下来，纳尔逊·曼德拉正装扮成司机驾驶这辆小汽车，他已经连续 17 个月逃脱了种族隔离警察的追捕。现在，他正要去秘密拜访住在格卢威勒镇（Groutville）的非洲国民大会主席阿尔伯特·卢图里（Albert Luthuli），向其汇报有关非洲的活动情况，请求获得武装斗争的支持。正是以这种戏剧性的方式，在这个未曾预料的地点，纳尔逊·曼德拉最终还是被捕了。

为了纪念纳尔逊·曼德拉从事"自由解放事业"50 周年，在这块改变南非历史的土地上，在寂静的广阔空间中，建立了一座新雕塑（图 4-3-23）。uMngeni 市政府与传统事务合作厅（the Department of Co-operative Government and Traditional Affairs），种族隔离博物馆（the Apartheid Museum），南非夸祖鲁-纳塔尔遗产委员会（the KwaZulu Natal Heritage Council，AMAFA）以及纳尔逊·曼德拉纪念中心，联合促成了这个项目。这个历史性纪念场地，于 2012 年 8 月 4 日，由雅各

布·祖马总统主持，举行了落成典礼。

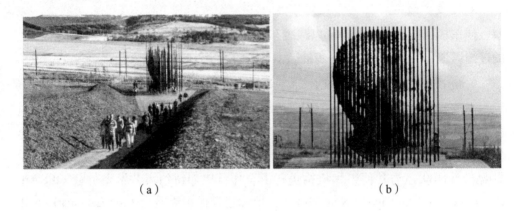

（a） （b）

图 4-3-23 纳尔逊·曼德拉雕塑

这座雕塑由艺术家马克·曹斐内力设计，由 50 根钢柱组成，钢柱长度在 6.5 米至 9.5 米之间，镶嵌在米德兰（the Midland）景观之中。场地造型，由 Mashabane Rose 设计事务所的建筑师杰里米·罗斯（Jeremy Rose）设计。一条向下倾斜的道路通向雕塑，在距离雕塑 35 米处，纳尔逊·曼德拉的肖像出现在眼前，其面向西方，构成视觉焦点。在这里，50 根垂直立柱排列在一起，形成一个平面肖像。

对于这个具有国际影响力人物的沉思肖像，曹斐内力的描绘颇具洞察力。这座雕塑参照曼德拉的多个肖像创作而成。既有来自网络的，也有来自电影剪辑的。这个独特的纪念性雕塑看起来极其微妙，从主要视觉焦点上来看，雕塑看起来就像是一张人们所熟悉的相片。在结构设计上，暗示他曾经遭受过监禁。从侧面看，立柱的设计与安排，创造出某种破碎与释放的感觉。对于这种有意识的、结构上的矛盾设计，曹斐内力说道：“通过曼德拉被捕这个象征性的设计，体现出通过斗争所获得的动力。50 根立柱，象征着自从被捕之后的 50 年。但是，同时也体现出这么一种思想：无数个体形成一个整体，也就是团结。水泥灌注的雕塑作为一种斗争的标志，对于把曼德拉监禁的那种政治行为，是一种讽刺和嘲弄。这种讽刺和嘲弄，有助于激发反抗热情，团结起来开展运动，促使政治和民主产生变革。”

这座雕塑极富表现力，既对周围环境产生强烈的影响，又是整体环境的重要组成部分。从早到晚，雕塑本身在视觉上不断发生着变化，不断变化的光照及其背景环境，对雕塑也会产生强烈的影响。

曹斐内力还另外设计了 5 根比较低矮的立柱，在主雕塑与路对面的纪念场地之间，创立出一条轴线。

关于这个纪念性场地的开发与实施，其关键的问题，正如种族隔离博物馆馆长克里斯托夫·蒂尔所评论的那样："这个项目是一个很好的实例，它把艺术嵌入历史文化遗产之中，成为一种催化剂和强大的推动力。"

uMngeni 市在政府与传统事务合作厅的协助下，利用"政府走廊发展基金"，取得了 R103 路靠近曼德拉被捕地的地产，并且已经制订开发规划，包括博物馆、多功能剧院和露天剧院，以及旅游教育文化设施。这些设施的建设，将为当地社区创造更多的工作机会。这座标志性的雕塑，作为曼德拉被捕之地的象征，在这块重要的历史性场地之中，毫无疑问将会成为重要的旅游景点。

（六）纳尔逊·曼德拉新雕塑——拳击练习

地点：南非，约翰内斯堡。

艺术家：马克曹斐内力。

材料：喷漆低碳钢。

约翰内斯堡西区正对着治安法庭，一座新雕塑立在那里，该项目由代表约翰内斯堡市的约翰内斯堡发展局发起，并且得到纳尔逊·曼德拉纪念中心（纳尔逊·曼德拉基金会）和贝利非洲历史档案馆的协助。

这座雕塑名为"拳击练习"（图 4-3-24），源于一张著名的照片。1957 年，在南非联合报大楼的楼顶上，纳尔逊·曼德拉与当时的拳击冠军杰里·乌恩亚·莫洛伊（Jerry Uyinja Moloi）练习拳击，摄影师鲍伯·戈萨尼（Bob Gosani）拍摄了这张照片，并刊登在《鼓》杂志上。约翰内斯堡艺术家马克·曹斐内力就按照这张照片制作了这座雕塑。这座雕塑表现的是年轻的曼德拉在为事业打拼。

图 4-3-24　拳击练习

"在拳击比赛中，等级、年龄、肤色以及财富，都无关紧要。纳尔逊·曼德拉崇敬公平、自由和平等，而这种公平、自由和平等，是来之不易的。"这段话引自摄影师鲍伯·戈萨尼（1934—1972 年）于 1957 年出版的《叛国审判：第一回合的结束》一书。

这是一件针对特定场地的雕塑作品。一方面，雕塑所在的场地正对着治安法庭；另一方面，鲍伯·戈萨尼就出生在贾尔雷拉斯多普（Ferreirasdorp）费尔雷拉路 3 号（3 Ferreira Rd），并且一直居住在这一地区。同时，费尔雷拉路 3 号又正对着治安法庭。曹斐内力采用拳击手的形象，反映公平、平等和客观的原则，而这正是拳击比赛中的规则。用它来隐喻拳击手所面临的现实法律体系，而这正是曼德拉在法律和审判方面所经常采用的。

"我不喜欢拳击比赛中的暴力。但是，在拳击比赛中如何移动身体保护自己、如何使用战略战术进行攻击和后退，以及在比赛中如何运步，我都感到非常好奇。拳击是公平的，一进入赛场，等级、年龄、肤色以及财富，都无关紧要了。当围着对手转圈的时候，在判断对手的优势和弱点时，你根本不考虑他的肤色或者社会地位。"——纳尔逊·曼德拉。

谈到这件作品的创作动机，曹斐内力认为："拳击是一项运动，是体力的竞争，是有秩序的、可控条件下的搏斗与竞争。拳击的特点就是由一系列的规则组成，而拳击场就是规则的内容或者场地。法庭是法律体系的代表，人们在这里根据法律进行诉讼和辩护。曼德拉拳击雕塑，是在南非法律体系这个媒介之下，为平等、尊严和人权而战的象征。这座塑像是一种象征，提醒人们关注法律与公正之间的差别，关注全体公民和居民对权利透明性和责任性的需求。在位置上，与治安法庭出入口密切相连，提醒人们这是一块公共场地。"

这座雕塑高 6 米，使用喷漆穿孔低碳钢板，创造出一个人物雕像形象。

（七）特蕾西亚堡垒

罗马尼亚蒂米什瓦拉（Timisoara）防卫体系由 9 个沃邦堡垒组成，特蕾西亚堡垒是其中的第一个。这是特蕾西亚堡垒恢复改造项目全国竞赛获胜的方案。面对这种设计难度很高的场地，该项目表现出卓越的专业水平，打造出一流的纪念性遗址，被列入了罗马尼亚国家纪念性遗址名录。对于这个纪念性项目，其设计理念是把这块公共空间与邻近的城市结构整合在一起，创造出一块新城区。

罗马尼亚在过去 20 多年来，对这一地区的投资非常少。由于城市中心地带的开发建设，于 18 世纪建起的这座城堡，发生了一些深刻的变化，被赋予了新的功能。在这里，有银行总部、蒂米什建筑师协会大楼，还有艺术设计学院和医学院等。鉴于此，在这一地区需要有更多的开放空间，需要对这个发展中的社区进行重新设计，创造出新的城市生活空间。

起初，在基础设施方面本想只涉及很少的一部分，但经过全面研究发现，在这座城市历史核心区的边缘地带，蕴藏着巨大的潜力。罗马尼亚于1716年被奥匈帝国征服之后，进行了彻底重建。于是，对于这种潜在的优势，应予以重点考虑，并采用下列指导性措施：

A. 将这块目前被忽视的空间，赋予文化和社会功能。

B. 对"荣誉场地"进行重新设计，与现有的城市广场框架体系相连接，创造出一块新的城市空间。

C. 通过恢复设计，重塑这块纪念性遗址的形象，力图实现这座城市的远大目标：使其成为2020年"欧洲文化首都"的候选城市。

对于内部空间或者目前没有被利用的空间，进行了精心设计和改造。比如，将进攻区改造成了展示空间；新划出了一块空间主要用于文化用途。设计理念主要基于下列原则：

A. 对于在20世纪70年代翻修改造所灌注的水泥砂浆和混凝土，以及由于这些材料的使用对历史性表面所构成的创伤，予以处理。

B. 管道和电力设施全部安置在地板下面，或者使用金属支撑，把对原有建筑物核心区造成的干扰破坏降低到最低。

C. 采用新型可循环材料，以便在以后的翻修改造中能够方便地去除。

D. 对现在所进行的翻修改造，巧妙地予以突出强化。

E. 通过认真细致的研究，对原有材料进行翻修或者更换。

所使用的材料均经过细心挑选，主要有铜板、不带金属插件的木板、以石灰为主要材料的灰泥和漆料，以及容易拆卸的金属构件。地板采用历史性技术，安装在砂层上面。为了对整个纪念性遗址起到支撑作用，采用石灰石对院落空间进行"隐藏"，提高整体对比效果，对未加利用的空间进行了重新创造。

（八）多彻斯特广场—加拿大广场

为纪念1867年联邦成立而命名的"自治领广场"（图4-3-25）是蒙特利尔最大、最著名的花园广场。广场的南部和北部，于1966年和1987年被分别命名为加拿大广场和多彻斯特广场，它们逐渐成为蒙特利尔黄金时代的象征，而蒙特利尔是当时加拿大发展最好的都市。在声名卓著的蒙特利尔中心城区周边，围绕着

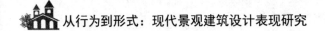

一些令人难以忘怀的标志性建筑，多彻斯特广场一直是举办重要节日庆典、文化活动和政治集会的场所。过去这里曾是圣安东尼公墓（St.Antoine Cemetery），就在公园的下面还保留着成千上万的墓穴。还有9块重要的纪念碑，数十年来一直见证着这块场地的考古和历史价值。

图 4-3-25　广场

尽管这个"自治领广场"在蒙特利尔的历史发展过程中具有重要地位，但是，随着时间的推移，作为公园的本质特征最终被逐渐削弱。然而，令人感到有趣的是，公园的布局以及这个广场与周边城市结构之间的关系，基本上没有变化，再加上周边有规则的街道，这两方面在建筑、街道和景观三者整体关系以及相互平衡方面，起到了保护作用。然而，这个广场的确还是发生了一些变化，而这种变化导致了广场几何形体的改变、公共使用空间的减少和重要视觉连接的遮挡。场地环境管理不善，也导致这个公园在形式上、质量上的降低。翻新改造之前，常年变化的累积，造成了绿色花坛特征的丧失，不连贯的树种分布、人行道的偏离，以及基础设施的缺乏。

这个广场在设计方法和设计手法上带有明显的现代特征，在进行翻新改造时，原来的特征和场所感需要保留。简单而富有成效的方法就是，对场地的考古遗产、植物种类的可持续性，以及空间质量和整体景观体验，进行整合、保护和加强。草坪和花坛的恢复、与周边场地的重新连接、广场表面面积的增加，以及出入口的重新塑造和强化（特别是增加了水景），使这个广场恢复了活力。地面铺装交叉镶嵌，用不规则的线条，构成精美的图案，标示出下面的墓穴，反映场地的历史渊源。

　　这个项目旨在使这个城市最脆弱的地区之一，恢复维多利亚公共空间的本色，实现与其他社会活动的连接，去掉那些与这个著名的、宏伟的城市绿洲不相匹配的使用形式和有关要素。

（九）希望灯塔

　　斯泰尔斯公园，是俄克拉荷马州最古老的公园，始建于1901年8月29日。这个公园，以早期维和负责人丹尼尔·弗雷泽·斯泰尔斯上尉（Captain Daniel Frazier Stiles）的名字命名，新颖独特，一直是社区的活动焦点。今天，斯泰尔斯公园中的方德广场（Founders Plaza），被重新设计，更加焕发了生机。

　　1964年，哈维 P. 埃佛莱斯特（Harvey P.Everest）、E.K. 盖洛德（E.K.Gaylord）、迪恩 A. 麦克吉（Dean A.McGee）、唐·奥多诺休（Don O'Donoghue）和斯坦顿 L. 杨（Stanton L.Young）等人到休斯敦参观得克萨斯医学中心。在这座医学中心的启发下，他们决定建设一所世界一流的医学中心——俄克拉荷马卫生中心诞生了。今天，俄克拉荷马卫生中心仍然是这座城市最重要的景观之一。

　　斯泰尔斯公园里的方德广场（图4-3-26），构成地标性灯塔的背景舞台，5道用石块铺砌的圆环，5种开花树木，体现了当初的5种设计构想。周边栽种着20株树木，象征着委员们对这个项目的支持。一株高大的橡树，历经风雨而傲然地挺立在那里，让人们不由得回想起这块场地和这座城市的历史。

图 4-3-26 方德广场

　　广场采用当地岩石构建出5个圆环，象征着篝火，周边有位置设定精确的坐凳，用以纪念印第安领地平原地区印第安人的生活和狩猎的场景。4种神圣的色彩——

红色、黄色、黑色和白色，象征着四季和四个主要方向。

灯塔底部围绕着金焰绣线菊，春天会呈现出一片鲜艳的黄色，好像古代的篝火火焰。圆环的中央，是 30 米高的挺拔矗立的高塔，把过去百年、未来百年，以及更为遥远的年代，连接在一起。

灯塔的设计灵感来自"变换"，体现出一种简单的运动形式。在这里，一个圆可以转换成一个椭圆，就像是疾病的治疗一样，由患病转化为健康。夜晚，灯塔上灯光闪耀，象征着人类的精神追求——对健康、幸福的追求和光明未来的渴望。当我们站在斯泰尔斯公园方德广场上，回顾过去展望未来，我们的希望在此萌发。

（十）纽约"9·11"国家纪念广场

地点：美国，纽约。

设计单位：汉德建筑师事务所。

面积：32375 平方米。

1. 项目陈述

该纪念广场，是为了纪念那些在攻击中受害的遇难者。在这个重新构建的城市中心地带，该广场成为人们静默哀思和追悼的场所。

2. 设计特色

两个巨大的太虚空间（图 4-3-27），位于双子塔原址中心。这种太虚空间，让人们回想起 2001 年 9 月 11 日，恐怖袭击所造成的巨大损失。1993 年和 2001 年两次袭击中遇难者的姓名被刻在太虚空间的边缘部位。

图 4-3-27　太虚空间

"9·11"事件所带来的痛苦是多方面的，这就要求这个纪念广场使用象征性的语言，而这种语言能够为不同的来访者所理解，构成"缺之思"的重要组成部分。来访者远离日常生活的喧嚣，进入一片神圣的地带，这片地带由416株橡树所组成的茂密的森林所界定。在炎热的夏季，高大的树冠可用来遮阴，欢迎游客的到来；秋季，则带来色彩的季节性变化；冬季，阳光透过裸露的枝条，在地面上形成斑驳的阴影；春季，树木发芽，昭示着大自然的复苏。

采用与迈克尔·海泽（Michael Heizer）的东、南、西、北相类似的语言，太虚空间使缺失的东西变得可见，借助于这种方法，"9·11"所带来的巨大损失被永久地呈现出来。面积4047平方米的喷泉所构成的太虚空间，入地9米，边缘设置了瀑布。设计团队对水的表现性能进行了全尺寸模型研究，创造出一种尖削圆形的堤坝，这种堤坝对于水的表现和能量运用更为有效，而且极其醒目美观。再加上灯光的照射，即使在夜晚，瀑布也分外夺目。

穿过具有保护作用的森林，两处巨大的太虚空间映入游客眼帘，瀑布（图4-3-28）倾泻而下，发出雷鸣般的声音。看过青铜矮墙上遇难者的姓名后，再返回喧闹的城市路途之中，这片森林让游客获得一种抚慰，体会到生活的美好。透过挺立的树干，平坦宽广的公园尽收眼底。密集的树干使视野面积扩大，同时，又能够减少周边建筑的突兀感。在横向平面上，广场的各种构成要素，包括岩石、地面铺装、草坪和钢制隔栅，在造型布局上对这种结构性平面进一步起到维护和强化作用。

图4-3-28　太虚空间瀑布

这片纪念林，类似于一片"天然森林"，由400多株二色椤组成，形成一条拱形廊道。这使人联想起建筑设计师山崎实（Minoru Yamasaki）在世贸中心底部

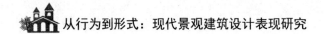
所设计的拱形结构。通过这种形式，这片小树林规划出人类与自然的共同格局。树林中干净、整洁的草坪，打造出一块安静、舒适的空间，远离广场的喧闹。

3. 环境可持续性及其设计价值

可续性问题贯穿于整个设计施工之中，主要涉及两个方面：一是材料的耐久性；二是景观表现。采用地表排水系统，其功能类似于一个能够自我维持的大型蓄水池。雨水和冰雪融化之后的水分，排入大型蓄水池中，通过滴灌喷雾系统对这些水分进行重新利用，浇灌这片纪念林。树林的密度很高，要知道，这是在重新开发建设的世贸中心的心脏地带。随着树木的生长，遮阴面积不断扩大，增强了游客的舒适感，降低了广场的吸热效应。

树木之间形成的通道，使广场的空间得以延伸，养护管理人员可以很容易地穿梭于林中，开展各种测试，进行调整和养护。大量的土壤，经过适当的灌溉、通气和排水处理，保证了这片纪念林能够长期健康地生长。土方总量达到40000吨，填埋于广场之下，足以保证这些栎树能够从幼树一直长成成年大树。地面铺装石块采用沙土固定，而不是采用坚硬的砂浆。需要维护时，可以把石板移开，然后再重新放回，而不会造成任何损坏，将来也不需要再增加石材。

第四节　不同地区建筑景观设计一览

一、北美洲

（一）加拿大魁北克——核心标本

长久以来，人们都希望能通过收集标本来认识环境、景观和土壤。在本设计中设计师把场地内收集来的各种材料样本，置于管状的容器（图 4-4-1）里展示。并以此反映出魁北克辉煌的采矿历史。这些管状容器以方格网的方式排列布局在起伏的地形上，相互交错，体现出物质与年代的多重组合性。从宏观的角度来看，这些标本表现出景观的布局与生成过程——反映了从形成矿物质的植被生长，到对矿产的勘探与提炼、矿产运输的路径以及使矿产资源化的全过程。从微观的角度来看，通过把标本放置于排列有序的管状容器中进行展示，使得这个花园的景观环境更加独具一格。这些管状的容器，有装有蕨类植物的玻璃管，也有装有石头的玻璃管，等等。

图 4-4-1　管状的容器

（二）多伦多——"HTO"

"HTO"设计曾在一项国际设计竞赛中获胜，其真正目的是要把游客和市民吸引到水边，从而促使多伦多市中心与其迷人的海岸线相连接。"HTO"是一个适应性极广的公园，可以适应各种主动或被动式的使用。公园由绿地、林荫路和都市海滩组成，在这里，人们可以在水中得到放松，幻想自己远离喧嚣的城市。通过许多黄色的太阳伞或星罗棋布的沙丘，人们很容易就能从海岸线中辨认出"HTO"公园，"HTO"的名字则源于水的组成物质——H_2O。"HTO"鸟瞰景观如图 4-4-2 所示。

图 4-4-2　"HTO"鸟瞰景观

（三）波士顿——户外教室与葡萄架

阿诺德（Arnold）植物园中保存了一件现存最好的，由有着美国景观设计之父之称的奥姆斯特德（Frederick Law OImsted）设计的作品——一座亭子。现在亭子被围绕上新栽植的葡萄藤和灌木，用作户外教室和休憩的地方。通过葡萄藤的栽植和设置开阔的中央草地，使来到这个亭子里的游客体验一种层层展开相互交错的空间序列感。葡萄藤的框架阻挡了望向种植梯田的视线，同时逐渐展现出亭子。当游客处于亭子里时，注意力立刻会被引向前方的花园，充分展示了该场地的开阔感。如图4-4-3为亭子主面图。

图 4-4-3　亭子主面图

（四）夏洛特维尔——钢铁/苔藓花园

为满足业主对光滑多变表面的喜好，该花园使用耐腐耐磨钢材取代木头，制成阶梯状的种植槽；用彩色混凝土取代石头，制成平台的铺地，可以适合行走三轮车。花园再把回收来的石头砌成围墙和小路。为了与墙上的雪松木协调一致，体现家庭的温暖感，其不但在特制的钢板上覆盖有固定的木板，还改变了空间的尺度与色彩，院子里还设有儿童游戏室。如图4-4-4为场地示意图。

图 4-4-4　场地示意图

（五）加利福尼亚州丘拉维斯塔市——儿童发展中心

完成时间： 2006 年。

西南社区学院的儿童发展中心将景观与建筑设计相结合，力图创造出一种与勒佐内·艾米利亚教学模式相匹配的环境。该项目位于一座建于 20 世纪 60 年代的校园中。因为学校靠近墨西哥边境，并继承了周边社区的传统文化，使得该校的建筑深受玛雅文化的影响。在景观设计中，除了为学生、老师、家长创造一个开放的教学环境以外，也折射出玛雅文化的场所、文化和构造特征。入口处设计了赏心悦目的景观（图 4-4-5），还设计了隐喻玛雅文化的天文台（图 4-4-6）。同时，户外还设有教学的圆形阅读区（图 4-4-7）。

图 4-4-5　入口处的景观　　　　图 4-4-6　隐喻玛雅文化的天文台

图 4-4-7　圆形阅读区

（六）俄亥俄州克利夫兰——青翠步道

完成时间： 2008 年。

如图 4-4-8、图 4-4-9 所示，这条青翠的步道分别反映的是克利夫兰工业时代的历史和可持续发展的未来。采用太阳能灯管这项新的技术，让人们追忆这座城市的钢铁产业。条纹草地暗喻流动的水和货船，以此赞颂克利夫兰城与河流、湖泊的紧密关系。为了抓住季节变化的特征，装置分别采用了相应的材质、透明度，营造的景观甚至是装置在冬天时投下的长长的影子。聚集在一起的"装置"犹如一群来自未来的野兽，充满生机，把参观者吸引其中，似乎要把人们引向一个绿色的未来。

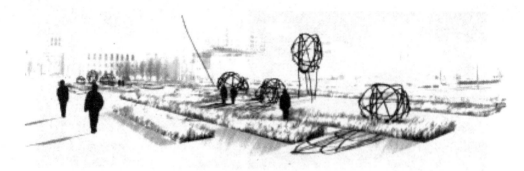

图 4-4-8　工业时代的青翠步道

图 4-4-9　2018 年的青翠步道

（七）得克萨斯州达拉斯——HENRY C. BECK JR. 公园

完成时间： 2004 年。

如图 4-4-10 所示，坐落在达拉斯美术馆和纳什雕塑中心旁边的贝克公园，是为了纪念贝克建筑公司奠基人——Henry C. Beck 而建造的。作为获奖作品，该公园有着精美的细部和博物馆般高质量的混凝土施工技术。每组室外空间都有各自的主题和氛围，最大的空间可用作户外午休，布置了桌椅，还有成排的小树形成的树荫；最小的空间适于静静地沉思。该项目是一个相当优秀的城市开放空间设计案例，同时也带动了新的就餐与休憩空间的发展。

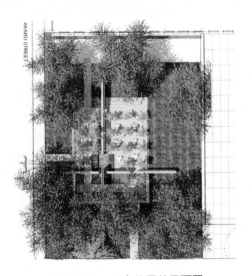

图 4-4-10 贝克公园总平面图

（八）科罗拉多州丹佛——特普尔顿公园

完成时间： 2008 年。

如图 4-4-11 所示，该项目是原国际机场地区再利用的景观总体规划设计的一部分。为了满足社区的需求，在此设计了一个中心公园和林荫道系统。相互连接的林荫道和公园为人们提供了高质量的水体、生活环境和休闲设施。该设计既在草坪景观与城市密林景观之间寻找平衡，同时也在尊重景观的历史文化与社会需求上找到了平衡。EDAW 还在设计中重新复原了韦斯特利小溪，使其重见天日，为社区提供自然的居住环境，而不再是机场跑道下的一条暗渠。我们可以欣赏到它的鸟瞰景观（图 4-4-12）。

图 4-4-11　EDAW 规划总平面图

图 4-4-12　鸟瞰景观

（九）加利福尼亚州佛利蒙特——欧文汤坡地住宅

完成时间：2008 年。

如图 4-4-13 所示，该设计对聚会点与种植区内的步行交通和光影特征都做了充分的考虑，使其能被租户和客人最大限度地使用。起初，人们活动的空间要比街道高出一层。设计把街道提升后，街道景观与社区庭院融为了一体。入口庭院和贯穿的园路使设计更整体，与场地更协调。欧文汤坡地住宅区包括 100 套中低价住房，该项目荣获 2008 年度金砖大奖（Gold Nugget Grand Award）最受欢迎奖。

图 4-4-13 庭院内游乐区鸟瞰

（十）加利福尼亚州格伦代尔——象棋公园

完成时间：2004 年。

如图 4-4-14 所示，为了将被一条废弃路径贯穿的矩形场地改造成象棋公园，设计师认真研究了国际象棋的历史，并依据象棋的规则、策略和知识进行设计。以可循环利用的塑料和木材制成五个有趣的灯塔，顶部由白色合成帆布做成棋子的抽象造型。经建筑师重新诠释的这些造型，灵感来自野口勇（Isamu Noguchi）设计的著名灯具以及康斯坦丁·布朗库西（Constantin Brancusi）的抽象雕塑，象征着棋子的演变。这些灯塔很有策略地布置在场地上，散发出暖色光线，激励着人们挑战智力和发挥创造力。

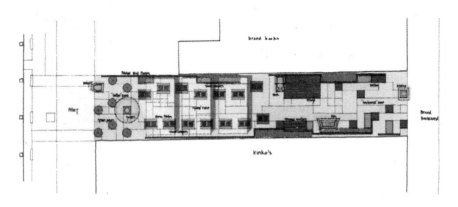

图 4-4-14 象棋公园总平面图

137

出于安全和舒适的考虑，灯具被完全整合进灯塔，这些灯塔成为场地内的标志。而且半私密空间为当地就业者和居民提供了一个具有亲和力的环境。（图4-4-15）

（a）　　　　　　　　　　（b）

图 4-4-15　象棋公园内有 16 张标准尺寸的象棋棋盘

（十一）科罗拉多州戈尔登——TAMNY 住宅

完成时间： 1999 年。

如图 4-4-16 所示，该项目运用了膨胀土阻止水靠近建筑。房子的主人想要的是：有技巧地布置一些树木；用耐旱的多年生植物形成一道边界，以围合后院里的草地，在花园的入口和菜园的空地里种上耐旱的多年生牧草。因为合约规定不能在路上看到种植的蔬菜，所以设计师在车库南侧三尺高的河岸上用挡土墙形成一个下沉的台地，把蔬菜的种植槽隐藏了起来，同时还在河岸朝路的一面种上了当地土生品种的灌木、花卉和草。种植中有 1/3 采用的是本土植物，在科罗拉多州干燥的气候条件下，有利于水分的储存。

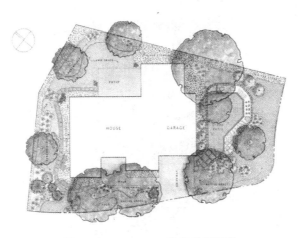

图 4-4-16 TAMNY 住宅总平面图

（十二）明尼苏达州黄金谷——通用磨坊公司办公园区

完成时间： 2004 年。

通用磨坊公司办公园区被评价为是 20 世纪 50 年代的现代主义建筑与田园式的园林风格相结合的产物。在收购皮尔斯伯里公司后，该园区急需扩大范围，以容纳新增的两座建筑。景观设计师想制造出一种幻觉，使人觉得新建筑正漂浮在园林之上，轻轻抚触着静止的水面。规整的植被直接与建筑相接，以此凸显建筑的轮廓，而远处则用自然景观的起伏变化，来强化地形雕塑般的美感。

二、中南美洲

（一）巴西安帕罗——安帕罗住宅

完成时间： 2006 年。

如图 4-4-17 所示，该项目的景观设计与建筑设计同步进行，力图在小小的花园里为业主的实际需求提供多方面的选择。起居空间被安排在一行藤架的下方，周围被华丽的园景所围绕。一块木质的甲板吸引着人们站上去，放松身心。静听庭院瀑布的潺潺水声。院子里有很多形态各异的棕榈科植物，如酒瓶兰、狐尾椰子、霸王椰。另一个重要的景观是花园里的无边界泳池，里面还附有一个按摩池和一块"水底甲板"。矩形的泳池及其休闲的空间，贴切地融入这个热带花园中。（图4-4-18）

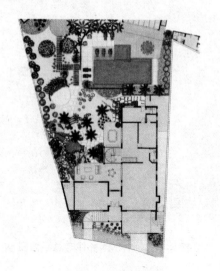

图 4-4-17　住宅首层平面

图 4-4-18　园中的水池

（二）巴西里约热内卢——弗尔米加露天剧场

完成时间：2010 年。

弗尔米加露天剧场位于里约热内卢的贫民区内，是为当地居民提供社会与文化服务的地方。剧场的形态呈现出生物的有机性，犹如一个嵌在青葱山谷中的摇篮。一条新的公共道路从剧场延伸出去，一直通往山下的贫民区中心。这里是社区新的文化活动中心，功能包括表演场、电影院、社区聚会地、儿童的游戏区以及其他各种活动的举办场所。这里还吸引了来自里约热内卢其他地区甚至更远的市民，前来参观和加入当地的文化活动中。在全球化的背景下，此发展模式具有现实意义，为遵循生态化的社会经济发展新模式创造了榜样。（图 4-4-19）

图 4-4-19　弗尔米加剧场鸟瞰景观

（三）巴西圣保罗——2007 年度 CASA COR 展览会

完成时间：2007 年。

这个广场是为了一个著名的建筑室内景观年展而设计的，灵感来自场地上的一棵树。建筑师希望通过四种自然要素的组合，营造一个能感受到自然生长的休憩场所。在地板和水幕的设计中，尖锐或直角的形状均被有机和谐的形状所替代（图 4-4-20）。特殊的灯光设计赋予庭院以生命。在植物中安装了一个新型的装置，使其不必人工干预就能存活。建筑师解释说，该设计正好证明了只要尊重当地的自然条件，花园是有可能在任何环境下生存的。

如图 4-4-21 所示，夜晚的花园中充满温馨与妩媚，特殊的夜景照明，灯具挂在树上而非屋顶上。

图 4-4-20　用圆形来打破坚硬感　　　　　　图 4-4-21　夜晚的花园

（四）巴西圣保罗——2006 年度 CASA COR 展览会

完成时间：2006 年。

CASA COR 展览会是南美洲最前卫的建筑室内景观设计展览，吸引了该地区众多最优秀的建筑师和景观艺术家在此展示作品。该花园坐落在赛马会的室外沙龙内，设置了一个休息室、博彩区和酒吧。因为就处在赛马赛道的正前方，所以十分便于欣赏比赛。设计中最重要的一点是采用了许多昂贵的天然材料，使人感到愉悦、方便和视觉上的吸引。水、火元素的运用，更增添了景观环境的丰富性和愉悦感。比如说，由美丽的石莲花和碎石做花园范围的限定（图 4-4-22）。

图 4-4-22　由美丽的石莲花和碎石做花园范围的限定

（五）智利圣佩德罗阿塔卡马——普利塔马温泉

完成时间： 2000 年。

这条温泉河，从智利的圣佩德罗阿塔卡马市的一个小镇，浩浩荡荡地流到一处幽深的山谷中，延绵 48km。在这漫长的旅途中，自古以来便形成了几个天然的温泉浴场，现存的两座印加人的小屋就是证明。该项景观设计不仅给予了这片土地诗歌般壮阔的美景，还设计了一套可持续使用温泉的方法。架空的木栈道既保护了河边的水草，又使独一无二的河流与温泉池美景尽收眼底（图 4-4-23、图 4-4-24），两座白色的混凝土建筑设计得轻巧而富有野趣。

图 4-4-23　野生的芒草

图 4-4-24　天然温泉池

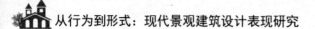

（六）智利圣地亚哥——PORTERIAS 自然保护区

完成时间：2008 年。

该项目是用当地的天然石材，给公园建设各式各样的围墙。建成后的围墙从两个方向上看各有特点：从场地内看出去，公园有在视觉上被扩大的效果；从外看向场地，环环相扣的整体感因连续的墙体而被加强。设计师运用几何学的方式建造了两个景观各异的场景。站在围墙以内，人们可以眺望山丘、山谷；围墙以外则是一条宽阔的人行道，一直通向远处的公路。在这个围墙系统中，还嵌入了两个巨大的混凝土大门，分别位于公园的两个出入口处。（图 4-4-25）

图 4-4-25　自然保护区鸟瞰景观

（七）智利圣地亚哥——REMANSO DE L AS CONDES COUNT（光宝总部）

完成时间：2008 年。

本项目的重点在于如何运用当地的自然条件，把野生的相思树和丰富的场地原有肌理融入设计中。庭院终止于一间公寓样板房前，但房子的内部设计中加入了许多抽象的正交线条，目的是要模仿外部庭院景观，使得庭院的线条得以延续。其中，利用石头的摆设导向末端的花坛，花坛的边界也是由石头组成，灰砂石堆成的岛和砂岩板铺砌的汀步，也很有特点。

如图 4-4-26 所示，水平的镜面水池与竹子所体现的垂直线条相组合，大大加强了建筑的角部效果。建筑的内园中采用了苔藓及攀爬类植物，遮挡自然的和人造的斜坡，还种植了风车草、鸡爪槭和紫薇等观赏树木。同时，清晰的转角设计，凸显了该花园运用直角的设计特征；转角处使用多种材质做对比，特征更加突出。

图 4-4-26 转角设计与水景

（八）哥伦比亚——LUDICO 公园

完成时间： 2007 年。

如图 4-4-27 所示为该项目的总平面图。该公园是一个商业中心的组成部分，商业中心位于首都波哥大北部的城市核心发展区。在对场地、周边环境及未来使用者的需求进行彻底的分析后，公园的服务对象被设定为所有年龄段的人群，并要为使用者提供一个接触大自然的机会。公园内有多种不同的使用空间相互交错，包括有主题广场、漂浮的花园、礼堂以及儿童游乐场，呈现出丰富的色彩、质感和气味。特殊的灯光设计使公园即使到了晚上，也同样深受大众喜爱。该公园的湖景旁边设计有咖啡座。（图 4-4-28）

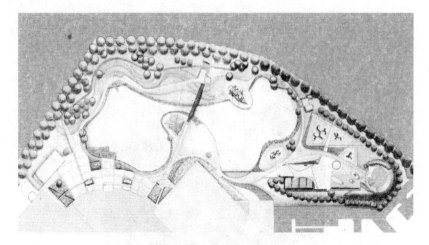

图 4-4-27 公园总平面图

图 4-4-28 湖景

三、非洲

（一）利比亚的黎波里——利比亚行政大楼

如图 4-4-29 所示，新的政府办公区规划既要创造一个展现"新利比亚"面貌的形象，同时也要尊重当地的气候条件与传统价值。所有的建筑都干净利落地围绕着一个中心绿地展开。纵向两列是规模大小不同的各个政府部门办公楼，末端分别是一座会议礼堂和新闻中心。南面则布置最重要的政府建筑。最北端设有一座清真寺。观景走廊上采用的是全透明、无接缝的材料做立面。区内还规划了完善的能源、给排水、垃圾处理和交通等综合市政基础设施，并与城市周边地区连为一体。如图 4-4-30 所示为总体的鸟瞰景观。

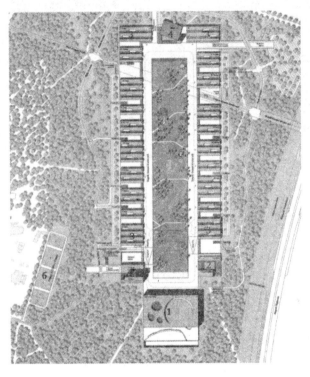

图 4-4-29　总平面图

147

图 4-4-30 总体的鸟瞰景观

（二）塞舌尔北岛——北岛

完成时间：2003 年。

北岛规划被称为"诺亚方舟计划"，原因是它要拯救自 1826 年以来由于掠夺性商业开发而被破坏的整座岛屿。该岛之前一直被用作农业种植，包括种植水果、香料和专门用于生产椰子油的椰子。规划中最主要的工作是要重新种植本土的植物，以取代所有外来的物种。岛上还建了几座供出租的小别墅，全是用当地的石头和木材手工搭建，租金收益将全部用于该岛的修复工程。建筑、景观、室内设计三者在这个项目上的相互影响，催生出一种新的风格，就像荒岛上的鲁滨孙·克鲁索穿着高级定制的时装。

如图 4-4-31 所示为北岛的鸟瞰景观。

图 4-4-31 北岛的鸟瞰景观

如图 4-4-32 所示为别墅的鸟瞰景观。

图 4-4-32 别墅的鸟瞰景观

别墅里面还有修建的泳池（图 4-4-33），主水池边还有当地树种（图 4-4-34）。水中的汀步和置石都独具特点（图 4-4-35、图 4-4-36）。

图 4-4-33　别墅里的泳池　　　　　图 4-4-34　主水池边的当地树种

图 4-4-35　水中的汀步　　　　　　图 4-4-36　水中的置石

（三）南非贝蒂斯贝——FYNBOS 别墅

完成时间： 2005 年。

这个度假别墅位于荒凉的卡格堡生物圈保护区内，设计凸显了周边硬叶灌木群落景观的双重特性——力量感与脆弱感。建筑从底部到顶部都种满了植物，试图在景观与建筑之间建立一种可转换的互动关系，灌木从斜坡一直生长到车库的屋顶。（图 4-4-37）

图 4-4-37　灌木斜坡

　　景观设计不仅影响到园林自身的格局和构造，提升园林的意境，同时还会通过改变建筑周围的环境，而反过来影响建筑。

　　透过一层和二层的起居室，可以看到两侧的景观。建筑形式上的脆弱与岩石山体的坚硬形成强烈对比（图 4-4-38）。墙的各部位尺度与后面的大沙丘形成呼应（图 4-4-39）。

图 4-4-38　脆弱的建筑与后面坚硬的岩石的对比

151

图 4-4-39　墙的各部位尺度与后面的大沙丘

（四）南非帕尔——美景庄园的奶酪和葡萄酒

美景庄园项目最独特之处是，大部分工程均是在景观建筑师的指导下，由当地农民自己建造的。2000 年，业主想把老农庄改造成品尝葡萄酒和奶酪的地方。于是，庄园重新规划了道路，新建挡土墙来设置一个高水准的花园（如图 4-4-40 所示），从而给历史建筑增添了浪漫的情调。不仅挡土墙采用了传统的风格、细部和材料，就连经过精心挑选的植物都让人回想起这座庄园初创的那个年代。"山羊塔"（图 4-4-41）是奶酪工坊的视觉焦点。最近还在较安静的沃尔夫角花园中，新增了一个名为"山羊圈"的饭店。

图 4-4-40　花园

图 4-4-41　山羊塔

　　花园种植的主题是"浪漫"。如图 4-4-42、4-4-43 所示为羊形状的滴水嘴，水池中间用来隐藏水泵的构件。

图 4-4-42　滴水嘴

图 4-4-43　隐藏水泵的构件

（五）南非比勒陀利亚——自由公园

完成时间： 2007 年。

自由公园是由总统纳尔逊·曼德拉下令建造的南非国家文化遗产，用来纪念追溯南非从人类起源到前殖民时期、殖民时期，再到种族隔离时期、后种族隔离时期的整个奋斗史。一期建设部分名为 ISIVIVANE，主题是追思。二期建设的 SIKHUMBUTO 主要用于纪念，里面布置有"名字墙"，圣堂、领导人和 MOSHATE 的纪念馆，以及用于接待贵宾的接待室。最后一期工程名为 XHAPO（梦想的意思），将被用作解说中心及非洲档案馆。Sik humbuto 园区中接待 Moshate 贵宾的套间（图 4-4-44）。

图 4-4-44　接待贵宾的套间

如图 4-4-45 所示为 Sik humbuto 园区中领袖纪念馆屋顶。

图 4-4-45　纪念馆屋顶

如图 4-4-46 所示为 Sik humbuto 园区内教堂前的水景。

图 4-4-46　教堂前水景

如图 4-4-47 所示为 Sik humbuto 园区内的圆形剧场与教堂。

图 4-4-47　圆形剧场与教堂

（六）南非 TOKAI——斯通赫斯特山庄

完成时间： 2007 年。

斯通赫斯特山庄是一处建在高海拔地区的住宅小区。如图 4-4-48 所示为其景观规划总图。这里原有的河流与湿地早已被之前的开发者毁于一旦，而该设计则重新恢复这一迷人的景色。如图 4-4-49 所示标识、路面漆和其他设计的细部，都反映出基地上面的山体的色彩与质感。从山上移植下来的植被，如今在这块开放空间上重新生长，为居民和野生动物所共同享用。如图 4-4-50 和图 4-4-51 所示为其中的道路设计。

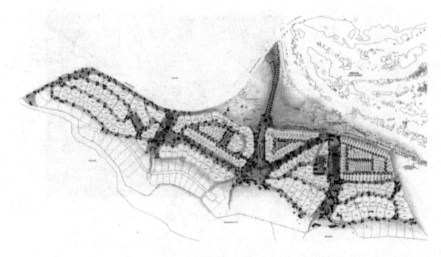

图 4-4-48　景观规划总图

这里还修建了一个池塘（图 4-4-52），水边种植了许多芦苇，可用来净化从建筑物上排下的雨水。

图 4-4-49　精心设计的标识

图 4-4-50　公共道路

图 4-4-51　步道

157

图 4-4-52　芦苇种植槽和池塘

四、欧洲

（一）奥地利因斯布鲁克——奥运村广场

完成时间：2006 年。

如图 4-4-53 所示为设计平面图。这个公共广场是该地区的新中心，是日常生活和社交活动的舞台，就如同一张空白的画布，让人们在上面任意涂画。像云一样飘浮着的棚架和奇石园成为广场的焦点。如图 4-4-54 所示，广场上呈几何形地摆放着几个表面可以覆盖干草的构架，当观众所处的位置不同，便会使人产生各种不一样的空间感受。同时，如图 4-4-55 所示，广场上还会有波浪形长椅。奇石园把广场分为南北两个部分，北部用作市场，南部则是社团、协会聚会活动的场所。如图 4-4-56 所示为总体的奥运村广场景观鸟瞰图。

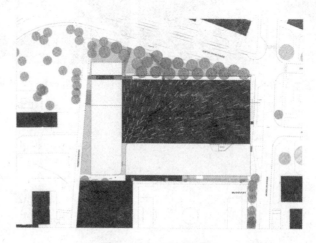

图 4-4-53　设计平面图

图 4-4-54　"干草堆"　　　　　　　　　图 4-4-55　波浪形长椅

图 4-4-56　奥运村广场景观鸟瞰图

（二）奥地利萨尔茨堡——莫扎特艺术大学

完成时间： 2000 年。

开放式的莫扎特艺术学院建筑群为城市提供一系列新的广场空间和通道。礼堂外的露天广场把米拉贝尔广场也组合到了建筑中，使其成为音乐学院、剧场和视觉艺术馆的显赫入口。这个半开放的公共空间同时也是聚会和交谈的场所，具有雕塑感的建筑外形使之与附近的米拉贝尔花园形成关联。小天井里散布着许多棠棣，还有一面水墙和一组用天然石头做成的长椅。内庭园则是为放松心情和静坐沉思而设计的，有时还用来举行小型的音乐会。如图 4-4-57 所示是内庭园中的一处小型天井。

图 4-4-57　小天井

（三）比利时布鲁塞尔——MILLY 电影公司

完成时间： 2007 年。

该建筑融工作与居住功能于一体。绿色的外立面由经过挑选的外国植物组成，并一直延伸至屋顶。为了给这些植物浇水和施肥，建筑的外围护必须采用多种不同的结构形式、绝缘措施以及防水保护。表面的植物都是种在一个容器中，里面还衬有硬 PVC 面板。如图 4-4-58 所示，这堵绿墙可以帮助降低能量的消耗，就像一套天然的空调系统，为建筑提供了一个隔热的外表面。

图 4-4-58　绿墙

（四）克罗地亚——"海风琴"与"问候太阳"

完成时间： 2008 年。

"海风琴"与"问候太阳"是改造扎达尔海峡工程的一个组成部分。"海风琴"被做成一道台阶，人们可以拾级而下直达海面。台阶被分成几组，在每组下面埋入了长短不一的聚亚氨酯管，当海浪把空气推入管中时，便会从神秘的孔洞中发出声音。"问候太阳"是一个直径 22m 的圆形玻璃地板，通过底部埋设的光电元件，把太阳能转化为灯光，同时也给海的声音赋予了光影的变化。如图 4-4-59 所示为"海风琴"与"问候太阳"的景观鸟瞰图。

图 4-4-59　鸟瞰图

（五）捷克 HORNÍ MAXOV——施科尔茨贝格山瞭望塔

完成时间： 2006 年。

建设施科尔茨贝格山瞭望塔是出于购买土地的喜悦。根据古老的传统，在购得的土地上要建造一座高耸的建筑物，于是建造了这座瞭望塔（图 4-4-60）。在矩形的塔身中间，设计师嵌入了一个完全独立的元素——一个围着圆柱螺旋上升的楼梯（图 4-4-61）。这样做一来可以使楼梯与矩形的角部相吻合，二来使塔身稳稳地立在了场地上。这个楼梯让人联想到了 DNA 的双螺旋结构，建造者常常在类似的不经意之处展示一丝意外。

图 4-4-60　瞭望塔

图 4-4-61　楼梯

（六）捷克布拉格——瓦拉迪斯拉发庭园

完成时间：2003 年。

这个新建的袖珍庭园，位于布拉格市中心一个历史街道内。它一侧的保险公司大楼属于新艺术运动的代表作，加上周边的办公楼，这个庭园被围合成一片狭长的空地。地下车库对设计的限制，以及四周高低错落的建筑，形成了设计的出发点。设计师用波浪形的绿带，表达一种如瀑布一样缓慢轻柔地落下的景观效果，这个富有动态的设计主体实际上是一个混凝土做的花槽，它的短边上还加上了一个木质的座椅。（图 4-4-62）

图 4-4-62　庭园全景

（七）丹麦哥本哈根——AMAGER 滨海公园

完成时间： 2005 年。

一个足足 2km 长的岛屿是这个滨海公园海滩的组成部分，岛屿与大陆之间隔着潟湖，上面架设三座桥作为连接。潟湖内布置了儿童专用的浅水海滩，还有一个供游泳和划艇用的 1000m 长赛道。岛屿被分割成了两部分，各有不同的特色，两部分之间用一条蜿蜒的小路作为连接。相比之下，布满了宽阔的沙滩和低矮的沙丘的北部更富有天然野趣。一个开阔的码头是这个区域的交通中枢，它让城市这边的海滩一直延伸到了岛屿的南部。如图 4-4-63 所示是一座通向海滩公园的桥。

图 4-4-63　通向海滩公园的桥

（八）丹麦哥本哈根——VESTRE 墓园星星之路

完成时间： 2004 年。

因公墓的南教堂及其周围的环境需要进行改造，所以市政厅决定对公墓进行重新设计。规划希望让北教堂开放出来，因此在南北两所教堂之间设置了一条柔软的轴线，不仅让南北视线得到贯通，还让整个墓地显得更加紧凑。设计的灵感源于两个建筑遗产：一个是文艺复兴时期伯拉孟特设计的坦比哀多礼拜堂，另一个是巴洛克时期的哥里别墅花园。南部小教堂有局部的损坏，除了一个亭子和其他建筑之外，主体部分仍然开放使用。院墙由高大的紫杉树篱笆、草坪和樱桃木装饰组成。如图 4-4-64 所示为总体的规划设计图。

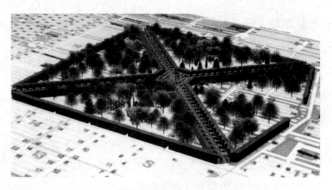

图 4-4-64　总体的规划设计图

五、中东

（一）以色列耶路撒冷——YAD VASHEM

完成时间：2006 年。

YAD VASHEM 景观设计包括石头铺装的广场和回廊、众多石墙以及乔木、灌木和地被植物。为纪念重大事件而建的园区由摩西·赛夫迪策划，贯彻了极简主义的低调设计风格。景观设计引导人们在穿越场地的过程中，有一种较为私密的空间体验。主要人行道穿过纪念区，将博物馆、纪念馆、礼仪性广场和一些更为私密的户外场所联系在一起。室外空间非常肃穆：极少鲜花，不设水景。如图 4-4-65 所示为 YAD VASHEM 景观鸟瞰图。

图 4-4-65　YAD VASHEM 景观鸟瞰图

（二）以色列／埃及 NITZANA——和平之路

完成时间：2000 年。

这个项目连绵 3km，横穿以色列和埃及边界。100 根取材自内盖夫沙漠的砂岩柱子以 30m 间距依次排列组成和平之路（图 4-4-66）。每根砂岩柱子高 36m，直径 60cm，柱子上面分别用 100 种不同的文字刻下"和平"二字，这 100 种文字均为历史上曾经在 Nit-zana 这个战略要地出现过的各个不同的民族所使用的。从闪族文字和古埃及文字直到当代的文字。在柱列两端的第一根柱上分别刻有希伯来文和阿拉伯文的"和平"字样。还有四根柱子代表四个方向，上面分别用希伯来文和阿拉伯文刻着"东""西""南""北"。

图 4-4-66　和平之路

（三）沙特阿拉伯利雅得——SALMAN 王子科学绿洲

完成时间：2012 年。

SALMAN 王子科学绿洲建在一大片起伏的轻质屋顶之下。屋顶采用独立支撑的立体网架结构，覆盖着一系列展示空间。其休憩平台和一个绿化带，看上去更像一个室内景观。一个商业中心则界定了这片绿洲的西南边界。该设计的主要目标是重新构建河床上的自然景观，并用倾斜框架技术将其固化，这被视为人工环境和自然景观相结合的创新。如图 4-4-67 所示为绿洲俯视图。

图 4-4-67　绿洲俯视图

（四）迪拜——私人别墅

完成时间：2009 年。

　　该别墅位于迪拜一个高档的封闭社区内，抬高的地形选址使它可以远眺高尔夫球场，以及迪拜不断增高的城市天际线。景观设计包括迎宾前庭、两侧的花园和后面的休闲娱乐庭园。棕榈树环绕着直线形的泳池，与水面齐平的包边。独具匠心的石雕卧榻和同一风格的石头汀步，使这个特别的游泳池成为整个花园的焦点。线形的水体、木质的露台和分列水池两边的粗犷的棕榈树阵进一步强化了从双层高的别墅大厅延伸出来的主轴线。

（五）迪拜——迪拜喜庆城

完成时间：不详。

　　该综合开发项目把一种特别的条纹状风格运用到 15km 长的道路沿线和开放空间的软硬质景观中，与该发展项目的旋涡状标识相呼应。各个主要的交叉口都采用雕塑标志，照明设备和水景予以突出。受到阿联酋独特的干旱河床地形的启示，在人行道上设置了一系列公园，为当地居民提供开放空间。设计采用当地出产的石头集料和耐旱植物，构成该设计的独特的低耗水环境和粗犷风格。如图 4-4-68 所示为喜庆城的部分夜景。

图 4-4-68 喜庆城部分夜景

（六）迪拜——ZABEEL 公园

完成时间：2005 年。

该项目是迪拜市中心一个备受好评的公园，占地 500000m²，2005 年 8 月落成。CRACKNELL 是这个以科技为主题的休闲娱乐公园的首席设计顾问。该公园选择科技主题用以反映迪拜作为本地区迅速发展的高科技和 IT 产业中心的地位。该园区横跨三个不同的地块，通过高架步行桥相连接。公园内设有一个可供划船的人工湖、一座湖滨餐厅、一座艺术展览中心、一个迷宫、一个板球场和一个大的圆形露天剧场。如 4-4-69 所示为其展览中心和水景。

图 4-4-69 展览中心和水景

167

六、亚洲

（一）中国成都——龙城公园

完成时间： 2007 年。

龙城公园是中国成都"龙城一号"项目的组成部分。场地西部靠近高压走廊，地形起伏很大。总平面布局上充分利用地形起伏的条件布置大型水景，同时使休闲娱乐区域尽可能远离高压输电塔布置。石龙雕塑和呈 L 形蜿蜒曲折的溪水都暗示着该公园"龙"的主题。作为小区中最大的绿色公共空间，公园注重为附近居民提供体育运动、聚会、休憩等不同形式的娱乐休闲场所。其中，公园内的木亭和跌水（图 4-4-70）十分美丽。

图 4-4-70　木亭和跌水

（二）中国成都——雍锦湾联排住宅

完成时间： 2006 年。

该设计植根于川西文化，传统的川西民居、街巷、场院、晒台和庭院等形式元素都以现代手法呈现在景观设计之中。这是一个将传统园林手法和现代景观设计技术相融合的成功尝试。场地上茂盛的植物与几何化的道路、水景和川西工艺品相得益彰。（图 4-4-71）

图 4-4-71　雍锦湾联排住宅

（三）中国重庆——阳光城未来悦

完成时间：2019 年。

该景观的规划设计理念：人类源于自然，对自然山水的向往之心，促使我们追求自然，在山谷、溪涧、迷雾中探寻未来人居环境。在打造自然山水的同时，兼顾家庭生活。在自然环境中，通过归家动线，亲子共享、邻里互动空间等的打造，带给人们科技生活的便利，以及家庭式的轻运动乐园和交流空间。每个空间都被细心设计推敲，以营造自然和建筑、生活的和谐统一。（图 4-4-72）

图 4-4-72　水景和泳池

（四）中国香港——湿地公园

完成时间：2005 年。

香港湿地公园的建设目的是成为环保实践和可持续发展的最佳范例。公园兼顾环境保育、旅游、教育和休闲娱乐等功能，这在香港是独一无二的。园内建筑经过悉心设计，具有景观化的屋顶和木质遮阳板。游客中心包括三间主陈列室、一个资料中心、办公室、咖啡厅、商店、游艺室和卫生间。探索中心和三个鸟舍的功能是传递湿地保护的信息。它们均位于受到维育的外围湿地内，如图 4-4-73 所示彼此间通过固定和浮动的木栈道相连。

图 4-4-73 木栈道

（五）中国上海——"舞动的三角"公共绿地

完成时间：2006 年。

"舞动的三角"公共绿地（图 4-4-74）位于一片迅速发展的城市新区，周边被农民住宅、物流仓库、工厂和居住区包围。临近公园的地方还将要建起一家购物中心、一所小学、一个音乐厅和更多的住宅。这些不同的功能区域被道路分隔，甚至这个小公园也被两条主要道路分割为四个部分，因此需要建立一个联系网络，将不同部分的社区功能组织起来。"舞动的三角"将在新城中心为社区居民竖立一个地标。

图 4-4-74 "舞动的三角"公共绿地

（六）中国上海——IN 工厂

完成时间：2006 年。

IN 工厂是上海市中心一个废弃工业区的再开发项目。设计师创造了各种透明、不透明、反射和可变的水平和垂直界面。如图 4-4-75 所示的透明效果是通过一系列金属杆件实现的。美洲葡萄藤蔓的枝条随着季节而枯荣，制造出变化的效果。长座椅和水平构件采用镜面处理过的不锈钢，以获得反射效果。最终的空间效果是与周围密集的环境要素相互作用而成，特别是在主庭院里，只要轻轻触碰一下那些杆件，就能听到金属震动发出的声音，而悬挂在不同高度的吊灯，也会随风摇曳。

图 4-4-75 金属杆件

171

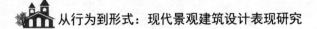

（七）中国台州——漂浮花园

完成时间： 2004 年。

土人景观受委托对永宁河沿线占地 213000m² 的公园进行设计。设计的理念是为游客提供最佳可达性的同时，为全流域超量洪水和暴雨管理提出对策——解决之道就是漂浮花园。该公园由上下重叠的两层次组成。在自然的网格之上叠压一个人工的网格。自然的层次由适应本地生态和洪水的植被与湿地构成，在此之上是由一系列树阵、步行道网络和环境艺术装置组成的人工花园（图 4-4-76）。

图 4-4-76　人工花园

（八）中国西安——西安国际园艺博览会

完成时间： 2011 年。

该设计方案的理念是基于西安城市的历史，特别是其城墙。为了避免新建过多的所谓"景观建筑"而造成自然和城市之间的冲突，该设计从中国传统城市和城市规划之中吸取经验，以一条简单明了、组织紧凑的建筑轴来控制数倍于它的广阔场地。设计尽可能在不改变自然环境的情况下，以形式纯粹的建筑与景观和自然形成对比。在长达 1km 的巨型长条建筑里包含了五个巨大的温室。每个温室里都营造出一种不同的气候带。如图 4-4-77 所示为园艺博览会景观鸟瞰图。

图 4-4-77　鸟瞰图

（九）中国郑州——郑州大学校园中心区景观

完成时间： 2006 年。

郑州大学是由三所院校合并而成，新校园的设计需要突出这所新办大学的身份认同，成为整合各个分敞院系的纽带。该项目位于新校园中心的主教学楼前，同时它也是教学区和生活区之间的联系绿带。标志性的水景汇集了整个校园的雨水，景观设计选用本土植物，季相变化明显并且易于养护。众多的桥梁使人们能够进入景区内部，与本土植物亲密接触。平台和座椅的设置使莘莘学子可以充分接触自然。大学中心区景观一览如图 4-4-78 所示。

图 4-4-78　郑州大学中心区景观

（十）印度 PUNE——玛哈拉什特拉农庄

完成时间：2007 年。

玛哈拉什特拉农庄有着神话般美丽的日落景色，视线越过间杂着巨石的缓坡一直远眺整个山谷，完美的地势吸引着游客的到来。整个设计需要充分利用场地一侧的优美景致，同时适当屏蔽另一侧远方不那么美妙的城市景观。一堵缓缓升起的斜坡挡墙形成一道土堤（图 4-4-79），界定出一个欣赏最佳日落全景的"庭院"，同时把远方不那么悦目的建筑排除在视野之外。这个"庭院"环绕以开阔的水面，游客可以坐在巨石上戏水。

图 4-4-79　界定出庭院的土堤

（十一）印度新德里——SHAKTI STHALA

完成时间：2007 年。

"Shakti Sthala" 的字面意思是"能量的土砖"，是为了纪念印度已故的总理英迪拉·甘地夫人。场地曾经只是新德里公路和 YAMUNA 河之间的一片毫无特色的冲积平原，但现在被改造得起伏错落。该设计反映出英迪拉·甘地夫人对自然的关注和热爱。为了贯彻这个理念，设计尽量采用原始自然的材料，如石头、泥土和水。这些自然材料的搭配带来和谐的效果，多样的材质并置又给人以不断变化的视觉体验。从全印度各个邦收集了近 1000 块石头用于该项目，象征着全印度对甘地夫人的怀念。圣地景观一览如图 4-4-80 所示。

图 4-4-80　圣地景观

（十二）日本川崎——川崎 LAZONA 广场

完成时间：2006 年。

这个购物中心以其 2006 年 9 月的开幕落成仪式而著称。它紧邻川崎市中央火车站，是该市商业中心区的组成部分。互相交错的人行道铺装图案形成了一个鲜艳而生动的装置，人行道的划线指向几个不同位置的艺术装置。这些装置里最显著也是最具设计师个人特色的，是那些切过人行道的白色混凝土小径（图 4-4-81），这些混凝土小径构成整个地区的结构并形成视觉焦点。

图 4-4-81　主广场上的混凝土小径

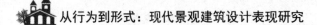

（十三）日本室生村——室生艺术森林

完成时间： 1998 年。

室生村把面临的塌方问题，转化为一个用现代艺术作品装饰社区的机遇。艺术家和水土保持专家通力合作，创造出适应这个特定场地的生态艺术作品，并将其整合到现存环境之中。该项目的中间是一个人工湖，其边界由现状水稻田界定。如图 4-4-82 所示为室生艺术森林中盛开的樱桃花和竹丛。这个湖的独特之处是湖里有三个小岛——鸟岛、帐篷岛和舞台岛（图 4-4-83）。堤岸就是剧场，观众可以坐在岸边聆听鸟鸣、观看表演。荒废的水稻田也被整合成雕塑的一部分。入口的一条轴线穿过第二个人工湖，湖面上有一个 8m 高的天文塔，可以显示日期和时间。

图 4-4-82 盛开的樱桃花和竹丛

图 4-4-83 人工湖中的三小岛

（十四）日本东京——东京湾 LALAPORT 城市码头

完成时间： 2006 年。

LALAPORT 是日本的一座提供观光、娱乐和购物的享有盛誉的商业中心。它占地 6.7 公顷，坐落于东京千叶县船桥市中心，保留了很多面向运河水道的造船工业遗址。EARTHSCAPE 公司受委托将这相邻的两个街区设计成综合性商业区。设计师主要关注于遗址的保护和动态街景的形成。环绕旧船坞的区域被修复，改建成娱乐广场。起重机和螺旋桨等遗留物被悉心保护，以形成一个充满记忆和愉悦的场所。河流步道也被纳入进来，在那里人们可以获得愉快的散步体验。如图4-4-84 所示为城市码头鸟瞰图。

图 4-4-84　码头鸟瞰图

（十五）日本东京——缪斯花园

完成时间： 2004 年。

该庭院位于一个安静的居住区内。环绕庭院的建筑有着雅致的城市设计，庭院内部则由树木植物围蔽，显得宁静而自然，内外之间既互相对比又和谐统一。庭院中央的黑色石球雕塑中间是一眼清泉，在不同季节都吸引着人们的注意力，在整个设计里扮演着重要的角色。以种子为主题的石头雕塑在设计师的园林设计里表现自然界的生生不息（图 4-4-85）。安置在轴线上的 HALU 纪念碑就像一尊女神亭亭玉立，给人以高雅、紧张和新奇的感受。

图 4-4-85　石头雕塑的庭院

（十六）韩国首尔——和平公园

完成时间：2002 年。

作为韩国举办世界杯足球赛形象象征的和平公园，位于世界杯主体育场和 GANGBUK 滨河快速路之间。和平揭示了这个公园最重要的主题——互助共生。这个主题既包括自然与人类文明的共生，也包括世界上各种敌对势力的和解。该设计主题统领了大范围内的纪念性尺度设计的和谐统一，并且能够被市民体会和享用。最重要的是，为纪念 21 世纪的第一届世界杯足球赛而建造和平公园，是全世界人民追求和平和谐的象征，同时也为当地居民提供一个体育锻炼和生态教育的休闲场所。如图 4-4-86 所示为和平公园夜景。

图 4-4-86　和平公园夜景

（十七）马来西亚槟城——槟榔顶

完成时间： 正在进行。

槟城赛马俱乐部的基地既是一块"风水宝地"，同时也是对设计师的挑战。在这里做任何开发都必须在维护连续的绿地和发掘场地的最大潜在价值之间取得平衡。因此，该项目围绕一个为整个城市未来预留的公园展开，并通过一座跨越槟城外环线的桥梁联系槟榔山。住宅建筑构成公园的周边界面。无论是外观还是内在（废物再利用、就业岗位、商业活力、内城复兴运动），这个设计项目都贯穿着可持续发展的理念。整个规划包括雨水收集和再利用系统、光电转换和太阳能热水系统，使得这个土地混合使用项目摆脱了一般网格城市的单一功能。如图4-4-87 所示为其立面图。

图 4-4-87 立面图

（十八）新加坡——阿拉姆萨水疗花园

完成时间： 2006 年。

水疗花园（图 4-4-88）的设计是作为其所在公园的延续。简而言之，一套曲线的网络叠加在原有建筑的正交直角网格之上，将整个花园划分为不同的区域，以适应水疗的流程。花园景观设计提供了视觉形象的骨架，同时也划分出了私密的功能区域。当一个人穿行于这些空间，除了眼前的花园之外，还会不断透过弧形墙上花格和开口看到更多的景观片段，暗示出还有更多的花园和私密空间隐藏其中。该花园在维护空间整体感的同时也分隔出了一个个不同的功能单元。

图 4-4-88 水疗花园的近景

（十九）新加坡——SENGKANG 雕塑公园

完成时间： 2005 年。

新加坡以花园城市而著称，其城市设计长期关注于绿地的建设。SENGKANG 雕塑公园是有意识地将艺术引入城市心脏地的大胆尝试。以 SENGKANG 渔村和海洋为主题的雕塑是这个公园的形象特色，比如以鲸鱼为主题的雕塑（图 4-4-89）。这些比实物大很多的雕塑背后衬托着大尺度的轻轨高架桥，给公园使用者一个强烈的视觉冲击和新的空间体验。此外，将轻轨高架桥下的土地转变为充满活力的社区邻里公园，也是建筑师如何在新加坡这样一个用地紧张的城市里充分利用土地的实例。

图 4-4-89 鲸鱼雕塑

（二十）中国台湾——建兴电子公司总部

完成时间： 2003 年。

SWA 公司承担了建兴电子公司在中国台湾台北市的总部大楼的景观设计。该项目占地 10152m²，场地被处理成一个面向河流倾斜的巨大基座，25 层的办公楼（图4-4-90）就处于该基座顶上。该设计强化了面向城市的景观和面向河流的基座顶廊花园。另外，设计的焦点是通过室外景观设计将基座顶部的花园和建筑内庭院整合起来。极具远见的业主在多年前就大胆采用 LED 投影方式，尽管该技术当时尚未通过鉴定，也不为人知。同时业主也是第一个在台北市提出并建成景观绿色屋顶的私人发展商。

图 4-4-90　基座大楼

七、澳洲

（一）澳大利亚堪培拉（ACT）——澳大利亚国家美术馆

完成时间： 2010 年。

1983 年落成的澳大利亚国家美术馆及其周围的雕塑庭园位于澳大利亚首都堪

培拉的市民艺术公园内。为了容纳日益增长的藏品，国家美术馆着手一项扩建计划：新建一个建筑入口（图4-4-91），扩建本土画廊以及设计新的南花园。2005年，PTW建筑师事务所受委托对公共空间进行详细规划设计，改扩建计划于2010年完工。美术馆扩建后，公共空间里的艺术作品将与邻近的肖像画廊联系起来，在新花园里有一个美国艺术家詹姆斯·特瑞尔设计的天空雕塑。

图 4-4-91 新建筑入口图

（二）澳大利亚戈尔本——CANYONLEIGH 别墅

完成时间： 2006 年。

这个独特的项目是对设计师的挑战。由于地处偏远，这个房子必须依靠太阳能和收集雨水自持，此外还要最充分地利用周边地区的景观。无论是白天还是夜晚，石墙和太阳能灯都能引导客人从停车场来到入口。这条富于艺术感的通道伴之以乡村风格的种植槽和适应当地气候的耐旱植物。起居室空间延伸到一个布置有座椅和火塘的冬季花园，以及一个悬崖边的观景平台。艺术家 Melisa Hirsch 受委托在修长的钢制种植槽中种植的红色香蕉草，也为该庭院的设计增添不少生动的色

彩。（图 4-4-92）

图 4-4-92　庭院内景

（三）澳大利亚墨尔本——克莱吉伯恩绕行公路

完成时间：2005 年。

该项目包括连接休姆公路和墨尔本环行线之间的 32km 长高速公路的隔声墙和道路设施。作为高速公路景观，该设计是按照 110km 时速的行驶体验设计的。该设计包括三个系列的雕塑隔声墙、一座人行天桥（图 4-4-93）以及确定道路桥梁、防撞护栏和挡土墙的设计参数。其中主要的是那座人行天桥，作为进入大墨尔本的门户景观，其需要在遥远的地方都能被看见。该桥的平面和立面造型都是曲线的，采用与隔声墙相同的合金钢材料，使它看上去就是一束钢管，凌空跨过公路，仿佛在做欢迎或告别的手势。

图 4-4-93　人行天桥

（四）澳大利亚珀斯——巴厘岛事件纪念碑与圣经公园

完成时间：2003 年。

巴厘岛事件纪念碑是为了纪念巴厘岛恐怖爆炸事件的遇难者，以及惨剧发生后为受害者提供帮助和照顾的机构和个人。纪念碑靠近圣经公园里面的一处悬崖，与周围的优美景观相得益彰。纪念碑的几个组成部分看似偶然地围绕着两条轴线布置，实际上这两条轴线各具象征意义：天鹅河轴线界定出一条跃过水面直达城市上空的视线；日出轴线则在每年 10 月 12 日的巴厘岛事件纪念日捕捉早晨的第一缕阳光（图 4-4-94），照亮铭刻着遇难者姓名的青铜牌匾。

图 4-4-94　10 月 12 日的巴厘岛第一缕阳光

（五）澳大利亚悉尼——旱地海滩步行道

完成时间：2006 年。

2.7km 长的旱地海滩步行道将海滨居住区引入悉尼市的高度城市化地区，并对该地区丰富的工业遗产做出响应。现存和新开发的河流开放空间、新的生态栖息地、文化遗产与考古遗址以及生态沼泽地都由一条巧妙设计的曲折小路联系起来。这段海滩的某些海堤由于长期受到潮水和涌浪的侵袭而变得不稳固，为了保护这段特殊的砂岩海堤的完整性，该设计对原海堤采取了稳定措施，只在最必要的地段嵌入新的片段。也就是在原海堤的构筑层之上增加了一个新的层次，沿着海滩设计了一条可坐的边缘（图 4-4-95）。

图 4-4-95　海滩边缘

第五章　现代景观建筑设计的未来之路

本章对于现代景观建筑设计的未来之路，进行了探索。这是因为环境文化的影响通常都是深远的。本章主要从不断变化的环境与挑战、对于现代景观建筑设计的思考这两方面展开。

第一节　不断变化的环境与挑战

环境文化对人的影响通常都是潜移默化、影响深远的。对于景观建筑设计师而言，传统文化给予了其最初的思想观念和想象力，西方思想文化则进一步扩展其思想观念的多元性和深度，这些积淀的思想观念指导着建筑设计行为，并帮助一些景观建筑设计师不断地激发灵感。而除了这些，景观建筑设计师自身的世界观即对时代社会这一大环境的认识也让他们形成了自己的理念，成为他们思想积淀中不可或缺的观念。而时代、社会是急速发展的，并且也是难以预料的，比如局部灾难与金融危机等，而这些势必会对景观建筑设计师的灵感产生一定的影响。因此，在景观建筑设计中不可忽视的一个方面就是时代社会的急速发展。

自第二次世界大战以来，虽然全球性大规模的战争暂时还没有出现，但是局部的动乱战争依然不断，时而会出现大量的难民，如大屠杀事件产生的大量难民迁移（图5-1-1）。不仅如此，各个国家发展的程度不同及资源与能源的不平衡分布，也扩大了社会的贫富不均，而地震、海啸等自然灾害也从未远离。在这个复杂的时代环境中，建筑师可参与这些问题的机会很少，但是面对这些困难，挑战与机会共存。

图 5-1-1　难民迁移图

当然，时代社会的问题不仅仅这些，经济泡沫破裂、金融危机到来，很多建筑设计都没有太多的预算。而这样的背景给了建筑师机会与提示，认识到需要运用开发更经济的材料，设计更巧妙节省的结构形式。这些认识大大坚定了建筑师寻求设计最节省以及最优解的设计方向，同时也可以成为建筑设计不断优化的源泉之一。

建筑史学家三宅理一所说的"建筑家一直都在为王宫贵族与富裕阶级做建筑"这句话，即便不从社会主义的脉络来解读，而单从建筑的这个生产活动之立足点来看就非常容易理解。原本平等、博爱的价值观应该在 20 世纪得到更完全的诠释，然而其差距似乎变得越来越大。所以，当博爱与平等的价值观和理想变成空谈，笔者认为必须依靠自我的力量去追寻这个理想。在追寻的过程中，不管是高级的设计还是走向平民的设计，建筑设计师都应该视其为使命，精心设计并不断挑战。

第二节　对于现代景观建筑设计的思考

虽然建筑作为一种实践活动有着几乎与人类存在一样长的历史，但是建筑作为一门学科存在的时间却不超过两个世纪。可是，这个新兴的学科却在现代化的环境下自 18 世纪产生之日起就受到即将过时的威胁。它是否代表着工程的科学合理性向美学提出的挑战？由手工业转变为大工业生产，抽象的信息系统的发明，从大百科全书到互联网，建筑学需要符合自然规律的知识作为基础，这些状况使得建筑师必须要付出努力处理矛盾才能求得生存。过去，矛盾集中在建筑是艺术还是科学，建筑应该被看作独一无二的作品还是标准化的商品，建筑应该从构造物的角度去定义还是其他的角度。如今，现代化的发展推生了信息时代全球化的市场经济，而建筑师们发现自己正处于是要满足业主的需求还是要进行文化艺术创作的矛盾中。

一、对中国建筑的思考

对于我国的景观建筑发展来说，必须要在结合传统的基础上有所创新，但是继承和创新之间的关系并不简单。为此，本书对于景观建筑设计中如何巧妙地应用传统文化元素，并如何将其与当代景观的需求进行平衡进行了分析，结合优秀案例对于如何打造出富有文化性的当代景观进行了分析。在中国传统文化中，诸多元素都可以与当代城市景观进行结合性设计，例如传统的建筑形式、图案纹样等都能够应用到现代景观艺术当中去。现代背景下，我们拥有了新的技术材料、建造手法，因此在结合运用中国传统文化元素的同时，也需要将新材料、新科技进行综合性的应用和分析，这样才能让中国传统文化更加贴近当代城市景观的需求，使得设计结果具有文化性的景观设计。

（一）将传统装饰元素与现代化的科技材料结合

在中国传统文化之中，较为传统的装饰元素在景观设计中主要应用在窗户、廊架、景墙、照壁之中，古代的设计者以各种富有美感的纹样和图案进行结合，打造出富有韵律的视觉效果。

在当代城市景观设计中，应用传统装饰元素不能一味挪用照搬，比如说要将传统装饰与现代化的科技材料进行有机结合，打造出富有特殊效果的最终展示方式。将传统景观设计中"窗"的这一概念进行现代化的设计，以抽象画的形式将其作为装饰呈现，虚实搭配，美轮美奂。例如，信达泰禾·上海院子（图5-2-1）中的景墙就采用传统的漏窗及屏风式样与富有科技感的现代金属材料结合运用，造型元素源于中国古典书房中的藏书格和屏风，用简练的线条配上中国传统的山水画元素以及中国传统文化之中的书香文化融合到设计中。

图 5-2-1　信达泰禾·上海院子

在中国古代的园林建筑中，廊道是具有功能性、观赏性的重要建筑形式，将现代化的材料和建筑手法与传统的廊道形式相结合，能够设计出更加现代性的廊道。例如，位于重庆的旭辉·江山青林半项目，该项目中没有选择传统的弯折式廊道，而是以圆弧的形式进行设计，并且廊道盘旋向上，利用金属材料进行支撑，使得整体效果呈现镂空形态，视觉上具有很强的通透性。设计形态在景观之中除了具有功能性之外，也点缀了整体的景观设计，色调与建筑体相符合，并且具有极强的自然意境。（图 5-2-2）

图 5-2-2　旭辉·江山青林中的半廊道

在中国古代园林建筑中，照壁也是一种传统的装饰元素，在旭辉·江山青林半（图 5-2-3）项目中，设计者利用镜子反射自然光的方式，人工营造了月洞，虽然是传统的装饰元素，却利用了现代的设计语言，整体感觉现代感十足。

图 5-2-3　旭辉·江山青林半月洞

（二）对图案纹样进行提取和再创作

在古代，图案是部落的象征，在中国悠久的历史发展过程中，诸多富有文化背景的图案纹样应运而生。将富有悠久历史背景的图案纹样，以现代化的眼光进行全新的审视，是当代城市景观建筑设计师应当尝试的。中国传统文化元素吸引着世界范围内中国的艺术家和学者投入其中进行研究与探索，我国建筑设计师更应当主动深入其中进行钻研，让中国传统文化的受众更多更广。

（三）将现代简约风格与传统视觉形式结合

当代景观建筑设计所流行的风格是以创新为出发点，不断地向前发展的，在设计模式上，现代的景观建筑设计风格已经摆脱了各类建筑风格类型的影响，形成了独特的设计形式。中国传统文化元素景观在当今已成为大众公共景观设计风格的新潮流，诸多的城市公园在全国各地络绎不绝的建设，硬朗而又曲折的传统视觉结构为景观设计增添了文化的气息。由于当代城市居民普遍生活压力节节攀升，放松成为城市居民的集体追求，景观建筑设计自古有之的"闹中取静"的设计理念也符合城市居民对于家园空间所应当具备的属性需求，帮助其脱离喧闹的俗世环境，在其中寻找自在清幽。

（四）对传统设计思路进行打破重建

在现代建筑景观设计之中对于水体的设计是整体景观营造中的重点，水体在景观中被中国传统文化所赋予了许多情感上的承载力，水体象征着自然环境和人

191

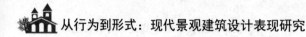

从行为到形式：现代景观建筑设计表现研究

文空间的和谐。水体的营造能够带给景观参与者更加立体的心理感受，水景还能够展示出形态、声音的感官之美。在当代景观建筑设计之中，水体景观分为自然水体景观和人工水体景观两种，人工水体景观是目前使用较多的一种表现形式。设计师在对于水体设计的时候需要以现代化的设计方式，打破传统的设计思路。如图 5-2-4 所示，金科九曲河中的水体是一个人工开挖的水池，一个矩形的居民活动平台临水下沉式而建，在水面上形成优美的倒影，给人一种沉入水中的感觉，这些传统元素在水体中的设计产生出一种静谧优雅的意境。不同于传统的景观设计中景观建筑在上水体景观在下的设计，这种打破传统的设计形式让景观参与者能够获得截然不同的参与体验。

图 5-2-4　金科九曲河

中国传统建筑中讲究"山因水活、水随山转"，传统建筑设计中讲究山水之间的搭配，以硬质的山石搭配柔和的水体，刚柔相济的设计手法是较为传统的设计方式。在现代景观之中，水体设计的点缀装饰则较为多样化，除了传统的石块之外，还有水栈道、水中汀步等技巧来突出水体的韵味，以及不同材质的小品屹立于水中对于水体进行装饰。

雕塑小品与水体景观结合的设计形式越来越多见，通常雕塑小品的主题和景观设计的整体风格相适应，通过搭配的方式形成一个更加完整富有整体化的设计形象。例如，杭州的龙湖天钜（图 5-2-5）中的水体就与水中传统鲤鱼元素的雕塑小品和树池相结合，有时也将喷泉与雕塑结合起来，布置在水体中央形成主要景观，其他的雕塑小品或分布在其周围或分布在池岸上，共同衬托主体，烘托氛围。

图 5-2-5　龙湖天钜

（五）强化景观建筑场景中光线的作用和存在

相比于传统文化中较为局限的照明方式，现代景观设计中的照明方式更加多种多样，因此光线在景观建筑场景中的作用也逐渐提升。照明除了其客观的功能性之外，当代景观设计中的照明更主要是在于营造光影效果，利用不同角度的光源搭配遮罩来营造出富有意境的光线。这种设计方式能够让项目在白天和夜间拥有不同的空间氛围。

例如，在阳光城·檀悦中的景观中心，其水体雕塑本身是作为光源的存在来照亮水面的，但是设计师通过在光源上放置一个遮罩的形式，营造出了一种朦胧的光影效果，并且遮罩上的镂空雕刻图案为中国传统文化中选取的图案纹样，通过这种设计形式让整体项目的中国传统韵味更加强烈，而且能够帮助院内的空气流动，增加季风的流通，除了美感之外兼具功能性。（图 5-2-6）

图 5-2-6　阳光城·檀悦水体雕塑

这一设计理念将传统的中国建造结构与新的设计理念进行了有机的组合，将艺术造型和功能性以及文化性进行了完美的统一，并且考虑到了功能上的客观需求并加以满足。对于传统建筑制式的继承需要带有现代化的发展性眼光来看待，让传统的形式在当下的时代背景下能够真的以其价值来进行传承和发扬，达到古为今用的最终效果。

二、对于全球景观建筑的广泛性思考

（一）认识到可持续设计的必然性

普利兹克奖的评审词这样说道："可持续发展并不是一个后期添加的概念，而是建筑的核心考量之一。"很多领域和各行各业的专业人士都曾经谈过关于可持续的话题，在景观建筑设计方面，笔者认为并不是指用了大量资源去造一个所谓"环境友好型建筑"，然后用绿色、环保或者可持续这样的话语作为口号噱头，笔者认为可持续设计应该是不浪费材料和尽量使用当地生产的材料和建筑体系。例如，有的建筑师能够充分利用纸材料、木材料，但是在利用的时候需要充分考虑到再生纸、循环利用、生态学这些词语。

可以说，如今出现了迄今为止从未考虑过的新问题，价值观、生态学方面产生了历史上未曾出现的看法和可能性。在这方面，最重要的是"前无古人的想法"。面对不断变化的环境和挑战，建筑设计师应该充分做出反应。

而很多建筑师也逐渐认识到地球正面临着以前从未经历过的重大环境问题，也在自己的建筑设计作品中体现了这一点。

（二）重视以人为本的设计需求

进行景观建筑设计是为了更好地建造空间，而建造的更好空间一定是为了人。三宅理一曾说"建筑里必定有人类的存在，就非常坦率的意义上来说，人与建筑的沟通是成立的"。从景观建筑设计的角度而言，要十分关注人在建筑中的体验，根据不同的设计服务对象来提供具有针对性的人性化设计。

例如，对于公共文化设施的建筑设计来说，建筑设计师要把人能够进入其中进行互动作为主要设计理念，旨在设计出大家愿意进出、受人喜爱的建筑空间。比如说，可以在文化设施一楼做一些售卖、企业宣传等大家愿意参加的活动。又如，对于门，处于打开的状态是非常重要的事情，因为我们可以深切地认识到"哪怕加一块透明玻璃，要推门进去的话就需要勇气"。

　　总而言之，作为景观建筑设计师应该不断地更新自己的建筑设计理念，积极学习，善于汲取智慧，最终开发出、设计出、建造出良好的建筑，创造出更多符合人们要求且又舒适的景观建筑，从而促进现代景观建筑设计的发展。

参考文献

[1] 于倩. 长白山景观建筑设计研究 [J]. 艺术科技，2018，31（08）.

[2] 郭佳. 实用性现代景观建筑设计关键思路分析 [J]. 居舍，2019，（05）.

[3] 刘思源. 探讨实用性与现代景观建筑设计要点构架 [J]. 智能城市，2019，（17）.

[4] 唐军，杜顺宝. 拓展与流变——美国现代景观建筑学发展的回顾与思索 [J]. 新建筑，2001，（05）.

[5] 范昭平. 现代景观建筑设计理论教学探析——评《现代景观建筑设计》[J]. 新闻与写作，2018，（01）.

[6] 马本和，刘思远. 中国传统元素在现代景观建筑设计中的应用 [J]. 中国民族博览，2018，（03）.

[7] 吴慧. 从中国现代景观建筑设计看文化传承 [J]. 建筑，2017，（03）.

[8] 张国峰. 高校现代景观建筑设计理论教学探究——评《现代景观建筑设计》[J]. 教育发展研究，2016，36（Z2）.

[9] 王睿. 现代景观建筑设计教育教学的发展——评《现代景观建筑设计》[J]. 教育发展研究，2016，36（19）.

[10] 魏韬妤. 中国自然山水园的景观形态在现代景观建筑中的运用 [J]. 艺术科技，2017，（08）.

[11] 胡冰心. 实用性现代景观建筑设计探究 [J]. 现代园艺，2012，（06）.

[12] 唐燕华. 实用性现代景观建筑设计新思路探讨 [J]. 广西城镇建设，2011，（06）.

[13] 严伟安. 现代景观建筑设计的基本方法及思路之探讨 [J]. 现代装饰（理论），2011，（12）.

[14] 肖本林，张苏利. 中国传统建筑元素在现代景观建筑中的应用研究 [J].

美术教育研究，2013，（24）.

[15] 杨霞. 现代景观建筑空间的营造与设计 [J]. 建筑结构，2020，50（21）.

[16] 吴刚. 建筑设计风格与设计理念 [J]. 科技信息，2008，（33）.

[17] 张迪. 对现代景观建筑设计的认识和理解 [J]. 技术与市场，2008，（12）.

[18] 向海涛. 浅论建筑设计风格与设计理念 [J]. 湖南农机，2008，（03）.

[19] 陈巍，程力真. 迈向新人文的地方性现代景观建筑 [J]. 建筑学报，2000，（10）.

[20] 郭琦. 高迪建筑作品对我国现代景观建筑的启示 [J]. 艺术研究，2010，（03）.

[21] 章梦启，应君. 初探竹构绿色现代景观建筑设计 [J]. 中华民居（下旬刊），2013，（01）.

[22] 张碧云. 丹阳天地石刻园 石刻艺术在现代景观建筑中的应用 [J]. 建筑学报，2021，（04）.

[23] 郭翔宇. 建筑与植物配置两者对现代景观设计的影响 [J]. 中国农业信息，2014，（05）.

[24] 李猛. 现代景观建筑学的创新 [J]. 山西建筑，2006，（08）.

[25] 曹玺，王亚东. 台州市"白云阁"景观建筑设计 [J]. 城市建筑，2006，（10）.

[26] 白小羽. 借鉴与创新——现代景观建筑学认识点滴 [J]. 重庆建筑大学学报，2002，（06）.

[27] 王飞逸. 建筑设计风格与设计理念初探 [J]. 中国新技术新产品，2009，（08）.

[28] 孙天泽. 寒地现代景观建筑的木结构适用性研究 [D]. 长春：吉林建筑大学，2019.

[29] 刘佳宁. 荡涤心灵的诗意景观——解读现代景观建筑师路易斯·巴拉干 [J]. 山西建筑，2004，（16）.

[30] 朱凯，汤辉. 浅析景观建筑设计的原创性 [J]. 山西建筑，2007，（17）.